每个人都可以拥有两次人生，
身为女性，当你看见自己时，
意味着你已经开始了自己的第二人生。

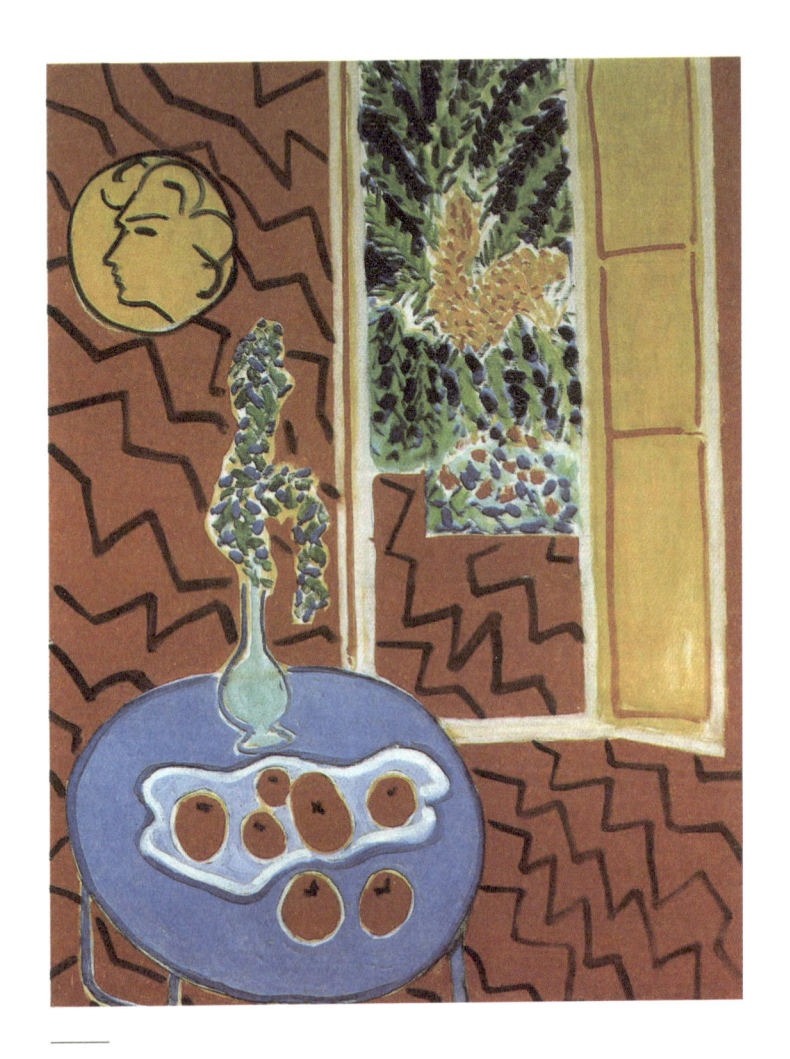

葡萄藤上开不出百合花，
找不到答案的时候就尝试寻找自己。

———
这世上没有坏人，只有没被好好爱过的人；
也没有相同的生活，只有觉醒之后的生活。

听一万种声音，但是只成为自己。
人生海海，愿你有帆有岸，有热爱，也仍然敢于喜欢。

治愈不是消除痛苦,而是让痛苦不再影响以后的人生。
在痛苦中看见真实的自己,本身就是一种治愈。

当你觉得坚持不住的时候,痛苦也快坚持不住了。

请你务必一而再,再而三,三而不竭,千次万次,毫不犹豫地救自己于内心水火。

花会沿途盛开，人生下一程的风景当然更值得期待。
愿你心怀热爱，从容奔赴下一程山海。

比起他人的认可，更重要的是成全自己的期待。
请你一定要好好生活，因为这世间的温柔一直都在。

看不见自己的女性

韦珊 著

苏州新闻出版集团
古吴轩出版社

图书在版编目（CIP）数据

看不见自己的女性 / 韦珊著. -- 苏州：古吴轩出版社，2024.3
ISBN 978-7-5546-2270-4

Ⅰ. ①看… Ⅱ. ①韦… Ⅲ. ①女性心理学 - 通俗读物 Ⅳ. ①B844.5-49

中国国家版本馆CIP数据核字(2024)第001341号

责任编辑：顾　熙
策　　划：柳文鹤
装帧设计：日　尧

书　　名：**看不见自己的女性**
著　　者：韦　珊
出版发行：苏州新闻出版集团
　　　　　古吴轩出版社
　　　　　地址：苏州市八达街118号苏州新闻大厦30F
　　　　　电话：0512-65233679　　邮编：215123
出 版 人：王乐飞
印　　刷：天津旭非印刷有限公司
开　　本：880mm×1230mm　1/32
印　　张：8
字　　数：131千字
版　　次：2024年3月第1版
印　　次：2024年3月第1次印刷
书　　号：ISBN 978-7-5546-2270-4
定　　价：52.80元

如有印装质量问题，请与印刷厂联系：022-69485800

一切始于看见

我们的人生从牙牙学语开始，每一步都在学习和探索之中度过，可是有一个至关重要的问题却经常被忽略，就是我在本书里想和大家分享的关于看见自己的问题。一个人如果看不见自己，就谈不上好好爱自己，而不懂得爱自己，自然也无法真正爱别人。哪怕你觉得自己正在全身心地爱着别人，也未必就是爱，可能是迷恋，可能是依赖。深刻的情绪体验把它们和爱挂钩，但是不会爱自己的人不可能拥有真正的爱。因为不会爱自己，所以你压抑自己去迎合和讨好别人；因为不会爱自己，所以你总是害怕失去，害怕与爱人分离；因为不会爱自己，所以你认为想要到达幸福的彼岸只能依靠他人。没有人会成为你的救命稻草，你在到

达幸福的彼岸之前可能就已经溺水了,却不知道是什么原因。

不会爱自己的人每次进入一段关系,无论对方是谁,都会出现问题,而这些问题的根源就在于对自己的忽视。可能是因为成长过程中的某种缺失,或是原生家庭遗留的问题,使得很多人会带着匮乏感进入关系。由于过往经历和成长环境所导致的匮乏感,你会发现自己明明很努力,却无法让关系朝着正确的方向走,好像越努力,反而越容易出错——关系变得越来越糟,对方也与你渐行渐远。所以,我们要先学会爱自己,才能懂得如何爱别人。

这也是我的切身体会。我在二十四岁的时候经历过惊恐发作,之后被诊断为焦虑症,于是我开始了长达十年的自救之路。依靠自己的努力去克服焦虑是一个漫长而复杂的过程,我也走过不少弯路。在开始的时候,我和其他人一样,期待依靠一些基本的调节方法获得疗愈,包括瑜伽、冥想和放松休息术等。这些方法让我在焦虑的时候有一种可控感,达到让自己放松下来的效果。其实,我们的身体就像一根管道,如果不经常清理,就会积攒很多负面情绪,然后造成堵塞,让我们感到焦虑。瑜伽、冥想和放松休息术可以帮助我们缓解压力,消解负面的情绪。

真正在我们心里种下焦虑种子的正是我们的原生家庭。我成长于一个重男轻女的家庭，父亲因为我这个女儿而感到失望和羞愧，在母亲生下我之后，甚至不愿意告诉其他家人。在我长大的过程中，除了父亲严厉的管教，还可以体会到他在不经意间流露出的对我这个女儿的不重视。庆幸的是，我有一个疼爱自己的母亲，给我提供了长大之后自我改变的心理营养。

我们每个人都是原生家庭的产物，原生家庭对我们的影响既有深度，也有广度。从出生到死亡，从饮食口味到人生态度，原生家庭在各个方面都会对我们产生巨大的影响。在本书讨论的话题中，原生家庭的影响主要体现在我们所处关系中的思维和行为模式上。很多时候，连我们自己都没有意识到原生家庭的影响，摆脱自然也无从谈起。

世界上没有完美的人，自然也没有完美的父母，也不会存在完美的家庭，这可以算是一个无解的循环。我们内在的匮乏感让自己觉得爱只能来自他人，意识不到一个不懂爱自己的人是无法真正拥有爱的，甚至不知道什么是爱，只会认为那种强烈的需要和渴望是爱。

当你开始一段新的关系时，它会存在无数的可能性，但是你还没来得及滋养，就已经在消耗这段关系了。可能父母在你的童年时没有给予无条件的爱和关怀，或是对你过于严苛，抑或父母忙于工作而缺席了你的成长，这种情感的缺失导致你缺乏足够的安全感和心理营养，也完全忽视了自己。当你进入一段关系时，你会先从对方身上索取爱来填补自己匮乏的内在，而感情会因此被消耗。与此相反的是，你对一个人的爱多到泛滥。

如果你的父母感情不和或是出于其他原因，他们对你的成长不够重视，这可能导致你低自尊或是习惯于讨好别人，在关系中会用卑微的姿态去乞求对方的爱，出现问题时只会一味地妥协和退让，以为自己付出全部感情就能换来对方的真心。这样做的结果有两种：一种是对方将你的热情视为理所当然，不懂珍惜，甚至会当成负担，然后远离你；另一种是对方以自己的方式回应你的热情，可你觉得不够，不断以情感勒索对方，把自己变成一个情感的"黑洞"，对方不堪重负之后则选择离开。

无视自己的人不知道如何爱自己，只好向他人索取，这是关系里很多问题的根源。我在克服焦虑之前也不知道什么是真正的爱，内在的匮乏导致自己非常需要关心和陪伴。因为不懂得爱自己，也不知道如何让自己快乐，只是单纯地想要待在关系里。把爱情放到很高的位置，恰恰是把握不住爱情的主要原因。

原生家庭对一个人长大之后的思维和行为模式会产生巨大的影响。比如，我们为什么会看重一些价值而忽略另外一些价值？为什么你和爱人在一起的时候会有自己独特的想法和行为？为什么你会特别注重某些方面的需求？为什么有些事情你可以接受，有些事情却完全拒绝？正是这些差异才导致我们在关系中遇到种种问题，我们需要重新思考，问题究竟出在哪里。

在我们小时候，自己和内在小孩是合一的。如果你的童年经历了一些创伤，这些创伤可能小到长大后都不记得了，但伤疤会一直存在，受伤的内在小孩会停留在童年，守在原地。当你经历相似的情景或是感受到类似的情绪时，他就会立刻跳出来，用自己的情绪来操控你，想要抚平童年所受的委屈。他和现在的你在认知上是冲突的，但你会被他牵着走，因为你的创伤从未被真正治愈。只要曾经的创伤没有被治愈，你就无法在关系中正确处理彼此的冲突，管理自己的情绪，也无法把握自己的人生。

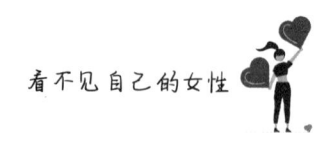

如果你厌倦了同样的问题反复出现，每段关系都是草草收场甚至无疾而终，那就需要尝试改变。首先就是要学会用正确的方法爱自己，治愈曾经受到的创伤，让内在小孩与现在成熟的人格合二为一。只有这样，我们才能让自己的生命更加完整，活出更多的可能性，否则就会一直被曾经的创伤和内在小孩所左右。值得高兴的是，在感情中遇到的问题其实都可以通过改变自己来解决，关键在于你是否拥有决心和勇气。

我在做心理咨询师的过程中积累了一些经验，发现很多人在关系中出现的问题基本和原生家庭有关。我希望通过讲述这些个案，让大家遇到类似的问题时可以有新的启发。很多时候，我们可以通过有意识地爱自己来解决关系中遇到的问题。这本书将给出爱自己的具体方法，帮助大家摆脱受害者思维，寻求自身的改变，拥有幸福的人生。

目 录
CONTENTS

第一章
看见自己,是一切疗愈的开始

自我是在被看见的过程中建立的,我们只有向内寻找,才能发现一个真实的自己。

长不大的孩子和缺爱的"我"	003
你想更亲密,他却逃避又疏离	016
看见的问题,源于看不见自己	023
爱自己,理应成为我们的本能	029
成年之后,请开始你的第二人生	033

第二章
走出分离焦虑,离开任何人你都可以过好这一生

所有人最终都会离开,能陪你到最后的只有自己,珍惜每一段关系,然后成熟地面对告别。

爱的溺水者——不能接受分离的心理动机	043

分离，让人重新化为孤岛	048
好好告别，才能奔赴下一程山海	053

第三章
寻回丢失的安全感，接纳自己无法全然掌控的人生

安全感可以让你的内在生出一种力量，遇到问题时先想的是如何妥善解决，而不是宣泄情绪。

成为我，你才能真正懂我	065
心里的刺——伤人伤己的不安全感	072
大方承认自己没有安全感也可以是很酷的	079

第四章
看见自己的需求，关系是"我"与"我们"的平衡

过度的付出和索取会造成情感失衡，调整彼此的相处模式，不让它们毁掉你的亲密关系。

讨好是关系中最难走的路	091
给自己的礼物——不再讨好	098
索取，指责和抱怨背后的真实心态	108
匮乏感，让彼此消耗的元凶	114
让彼此疲于奔命，还是让关系得到滋养	120

第五章
摆脱低自尊：你眼里有整个世界，也有自己

内心的不配得感会支配你的人生，转换视角，你当然值得一切的爱与美好。

低自尊者的人生是如何崩溃的	127
为什么"我不够好"变成一种执念	135
内在自爱，就无须向外寻求依赖	143

第六章
与一切和解：你会比想象中更快走出深渊

生命的缺憾和伤痕无可避免，但是与生活的碰撞中，我们仍然可以从看见自己开始，豁达、释然地面对生活。

自爱的偏差	157
远离多巴胺，拥抱内啡肽	164
当你真正开始爱自己	170
走出受害者的角色，与原生家庭和解	178

第七章
从看见自己到爱自己，是身为女性的底气

当你不再过分关注别人的看法，而是成全自己的期待时，那才是你最真实的样子。

从身体上爱自己	189
从行动上爱自己	196
从生活上爱自己	199
从心理上爱自己	201
从思想上爱自己	206
从精神上爱自己	212
韦珊说	216

第一章

看见自己，是一切疗愈的开始

长不大的孩子和缺爱的"我"

我们应该都听过"有能力爱自己,才有余力爱别人",或是"当你学会爱自己,全世界都会来爱你";很多学者和专家也一直在讲"爱自己",爱自己是拥有幸福人生的前提,只有懂得爱自己的人才能获得爱。爱自己也是一剂良药,可以解决我们在生活中遇到的很多问题。这个世界有时没有别人,只有你自己。

好好爱自己,处理好和自己的关系,你将会拥有底气和自信。**给生命打上爱自己的底色,你将会感受更多的美好。**这值得我们一生为之努力,也是终生浪漫的开始。

爱是人的精神食粮,为我们提供心理营养,因为它的存

在，我们才可以活得更加健康和自在。根据马斯洛需求层次理论，人的需求分为五个层次，而归属和爱的需求处于第三层，仅次于生理需求与安全需求。没错，爱是必需品，如果你不懂得爱自己，无法自给自足，你就会长期处于缺爱的状态，然后四处寻求别人的爱。别人是否爱你，是你无法把握的，有时候越是渴求越是得不到。缺爱的人往往会出现以下这些问题：

1.缺爱的人不相信爱

一个人在小时候缺乏父母的关心和无条件的爱，就像一棵缺乏阳光雨露的树。如果父母的爱和关心是有条件的，比如：孩子的学习成绩好一点，父母的关心就会多一点；孩子的成绩不好，就会受到父母的责罚——这种情况也会导致孩子处于缺爱的状态。更常见的情况是，父母因为工作忙而缺乏对孩子的关心，还有一些父母在外打拼，无法把孩子带在身边，这也会对孩子造成很大的影响。

如果一个人没有从父母那里得到足够的爱，他在长大之后很可能不会相信爱的存在，也可能变得冷漠而自私。这种自私往往带着焦虑，而焦虑则是来自内在的匮乏。他只会考虑自己的得失，甚至为了谋求利益而不择手段。一个人在小时候受到父母足够的疼爱和重视，他在长大之后就会懂得珍惜自己，因为他明确地知道自己是有价值的。而一个没有得到足够疼爱和重视的小孩，他很可能不会重视自己，碰到对自己不好的人和事会觉得很正常，认为自己理应受到这样的对待。即使有人爱他，他也会觉得自己不配。这就像让那些苦惯了的人享福，他们反而觉得是在遭罪。

一位来访者曾经和我分享过一个故事，充分说明了这种"缺而不受"的心理状态。他是在边远山区长大的，凭借自己的努力考上了重点大学，毕业之后就在大城市工作和生活，攒了些钱之后把父母接到了自己身边，打算让他们享享福。有一次，他想带父母去做脚底按摩，可父母死活不同意。费了好大劲劝服他们之后，他带着父母去了一家足浴中心。当按摩人员把父母的裤脚卷起来的时候，他发现父母的脸上流露出非常不自在的表情，而且从头到尾都低着头。他的父母操劳了一辈子，一件衣服可以穿十几年，家里的很多东西总是反复修补，

不舍得换新的。让他们接受别人的按摩服务，不是放松，更像是遭罪。

缺爱的人就像这样，因为没有得到过，所以缺而不受，又因为不相信，就更加缺乏。当别人对他表现出爱和关心的时候，他会产生怀疑，也会因此逃避。他不相信别人会因为"他是他"而喜欢他，所以他会让自己在任何关系中都具有价值。他觉得如果自己不能给别人带来价值，别人肯定不会喜欢他；如果别人觉得他没用，那他就不会被珍惜。出于这样的想法，他会因为别人对自己的喜欢而感到巨大的压力。

还有一个来访者，她有很强的工作能力，也有一定的经济实力，但她放假在家时也会感到特别焦虑，做很多事情，不让自己有休息的时间。她觉得自己如果不做些什么就会被世界遗忘，时时刻刻都希望保持自己的重要性。这样的心态并不少见，有一位H女士，她是家庭主妇，在家里从早忙到晚，也不让自己有停下来的时候。她的丈夫回家之后，就算她做完了所有家务，还是要假装自己很忙。她说不能让丈夫看到她闲下来，以免觉得她没有价值。这都是缺爱的表现，不相信自己值得被爱，认为自己没有价值就有被抛弃的风险。

2.缺爱导致性格缺陷

依恋模式影响着我们的亲密关系。心理学上认为，人在早期的交往经历会影响成年之后与爱人互动的模式。心理学家玛丽·安斯沃斯通过陌生情境测验，把婴儿的依恋模式分为三种类型，分别是安全型、回避型以及矛盾型。后两者均属于消极依恋，是不安全型的依恋模式。

我们先来了解一下回避型依恋，以及拥有这种依恋模式的人在长大之后的情感状态。拥有回避型依恋模式的婴儿最典型的表现是，妈妈（此处指心理学上的妈妈，即主要抚养者）在场与否都无所谓，即使妈妈离开也不影响他的玩乐。有些妈妈会很开心，认为自己的宝宝独立、懂事、不黏人，而实际原因是婴儿与母亲之间并未形成亲密的情感链接。即使成人之后，他们依然不相信有真爱的存在。

一个人回避的原因有很多，比如小时候没有受到父母的疼爱，成长过程中经常被忽视，需要父母的时候父母都不在，等

等。孩子每一次都感到失望，于是自动启用防御机制，为了不让自己难过而选择从情感之中抽离。久而久之，回避型依恋模式形成。因为渴望父母的爱却得不到，最后只好放弃，退回到自己的世界，慢慢变成性格上的缺陷。

这样的孩子在长大之后很难相信真爱的存在，他们会把内心封闭起来，别人根本无法走入。他们对别人也会缺乏信任。小时候不信任父母的人怎么可能轻易信任其他人呢？在他们的眼里，人和人就只有利用和被利用的关系。还有，他们缺乏主动性和竞争力，很少会争取什么，也是因为他们对任何人和事都缺乏信任。

在当下这个社会，很多人都有讨好型人格。这类人在小时候是通过完成父母的要求而得到爱的，他们通过与父母的互动得出结论：只有当自己满足父母的期待时，才能得到关注和爱。他们把这种和父母的互动方式代入和其他人的相处之中，逐渐就形成了讨好型人格。他们会下意识地讨好对方，眼里只有对方，完全没有自己。因为他们不会爱自己，认为只有通过讨好别人才能得到爱；只要对方稍微表现出不悦，他们就担心被抛弃。为了能够被别人一直喜欢，就总是讨好别人。由此我们也可以看出，缺爱的人会变得极端，要么选择回避，要么选择讨好。

接下来，我们再说一下另一种不安全型的依恋模式——矛盾型依恋。矛盾型依恋也叫"焦虑型依恋"，拥有这种依恋模式的婴儿缺乏安全感，十分担心妈妈的离开，一旦发现妈妈不在身旁就会用哭闹的方式来表达不安。当妈妈回来后，面对妈妈的安抚，他又会排斥和抗拒。这类婴儿既寻求与妈妈的接触，又反抗妈妈的安抚，表现出矛盾的态度。这种类型的孩子在成年之后会特别缺乏安全感，既渴望与他人亲近，又恐惧与他人亲密。这在亲密关系中尤其明显，就像有些女孩，她们渴望稳定的感情，但是在稳定的感情中又会主动制造矛盾，一次次推开对方。其实这是一种试探，她们需要在无数次试探之后确定对方不会离开，才能给自己一点安全感。

3.缺爱导致在亲密关系里"作"

如上所述,有一类女生会主动制造矛盾,目的是试探对方是否真的爱自己,也就是我们常说的"作",而在亲密关系里"作"的根源正是缺爱。为什么要这样呢?答案很简单,因为不相信。就算对方再好,总觉得是装出来的,还是需要测试对方。如此反复,将自己最糟糕的一面展现给对方,认为如果对方对自己的态度始终不变,才是真心的。这种测试实际上是一种消耗,最后换来的只有失去。

我在做咨询的时候接触过很多类似的来访者,尤其是女性来访者,有时会感到可惜,甚至是心疼。无论对方做到什么程度,都无法让其相信自己是被爱的,反而一再地暗示自己:对方要么是贪图美色,要么是贪图金钱,才会舍不得离开。总之,她无法相信对方爱她是因为"她是她"。

和大家分享一位来访者的真实故事:她的男朋友有一次下班和同事吃饭,很晚才回家,这个来访者立即要查手机,什么都没查到之后仍旧大吵大闹。无论男朋友怎么解释,她都不相信，最后男朋友只好打电话给一起吃饭的同事来证明自己没有骗她。我们都很清楚，这种事情需要情侣之间的互相理解，而这个来访者却选择把对方逼急，直到她相信为止。

因为怀疑，所以需要对方不断证明，但无论对方做什么，都无法真正相信。就像一道数学题，如果题目中的数据就是错的，那这道题就注定无解。回到我们说的亲密关系中，一再怀疑对方的爱，有一个根本原因就是，你不相信自己是值得被爱的。有这种心理的人，无论遇到的人是谁，无论对方怎么做，都避免不了分开的结局。他对你太好，你怀疑他心怀愧疚，觉得对方做了对不起你的事，想要补偿你；他对你不够好，你就直接怀疑他的爱，于是两个人开始争吵，直到把怀疑"坐实"，最终让对方说出"我们分手吧"这句话。当对方做什么都不对的时候，爱就会消耗得越来越快，也可以说，消耗的其实不是爱，而是人性。

你怎么爱自己，就是在教别人怎么爱你。不爱自己的人，也会"诱导"别人不爱你。**由于潜意识里自己不值得被爱的想法，你会不自觉地"诱导"别人不爱你并以此证实自己的想**

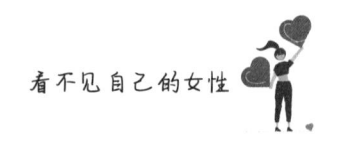

法。即使是爱你的人，也受不了一次又一次的"作"，同时你也认定"他本来就不爱我，如果迟早都会离开，不如早一点看清他的真面目"这个想法。你亲手葬送了一段感情，还送给对方一顶"本来就不爱"的帽子。

4. 缺爱的人是永远长不大的孩子

有些来访者的内心一直有个长不大的孩子，他们在告别了原生家庭的父母之后，开始在亲密关系里重新寻找"父母"。

在这里，和大家简单介绍一下心理学家唐纳德·温尼科特关于"虚假自我"与"真实自我"的概念。"虚假自我"在心理学中也常常被称为"假性自体"，指的是个体的价值感需要通过他人的评价来获取。"真实自我"也就是"自体自我"，来自内在的评价体系，不会受到外界太大的影响，所以呈现出来的人格相对而言是稳定的。如果一个人的"虚假自我"特别强大，很大的可能性是原生家庭对客体关系的内化，就好像一个孩子觉得自己做什么都是对的，想要什么都应该被满足，或者是需要爱和陪伴。人在处于婴幼儿时期的时候，需要的一切都来自家庭关系，如果父母无条件地满足一切，这样的孩子在长大之后也会缺爱，只不过缺乏的是爱别人的能力，没有同理心，无法共情别人。

溺爱是一种过分的爱，培养出的很可能是"巨婴"，因为过度的照顾和宠爱限制了心理的健康发展。一个人在小时候被无条件地满足，长大了就会期望伴侣像父母一样，自己则像一个长不大的孩子，永远在寻找"奶瓶"，然后依靠"奶瓶"才能活下去。同样，如果父母在养育孩子的过程中以批评和指责为主，孩子得到的爱太少，那么孩子很可能会内化出严厉、苛刻的关系模式，并在成年之后把这种模式投射到其他的社会关系之中。对孩子来说，恰到好处的爱才是最好的。

5.缺爱导致患得患失，产生大量负面情绪

缺爱的人会在关系里患得患失，对别人的一举一动都会花费时间和精力进行分析，而这种反应是不由自主就会产生的。为什么会这样呢？从心理学的角度来说，情绪和情感是人对外界事物的态度和体验，既然是体验，就会因人而异。面对同一

件事情，每个人的看法是不一样的，而每个人的处理方式不同，结果自然也会不同。就像很多人听过的那个故事：两个卖鞋的人去非洲开发市场，看到当地的人不穿鞋，一个人非常沮丧，觉得这里没法做生意，另一个人则兴高采烈，觉得这里的市场前景广阔，需要迅速过来占领市场。再比如，甲同学因为好朋友最近和其他人走得比较近而感到不舒服，而同样的事情发生在乙同学身上，他却觉得很开心，认为自己又多了一个好朋友。

情绪和情感是人的一种主观感受，或者说是内心体验，人在很多方面都会受到情绪的影响，这在缺爱的人身上更明显。明明别人没有针对谁，他们会觉得是在针对自己；明明事情具有多面性，他们只看得到消极的一面。这样的人在任何关系中都会过度消耗自己，尤其在亲密关系中表现得更为明显。归根结底，这些都是因为他们的内心缺乏自信、不懂得爱自己才会出现的。根据费斯汀格法则，**生活中的10%由发生在自己身上的事情组成，而另外的90%由你对发生的事情做何反应来决定**。我们也可以这样理解：是否懂得爱自己占10%，但由此产生的影响却占到了90%。

看似毫不相关的事情，内在却有着千丝万缕的联系，并由此影响自己和身边的人。如果关系中的一方是消耗大量情绪的人，那对方也会一起被消耗。这样的人不但不能给别人带来积极的情绪体验，还会制造很多负面的情绪。从对方的角度来说，这是消耗，也是情绪成本的不断叠加。相处的时间越长，双方消耗得越多，当彼此都筋疲力尽，也是这段关系结束的时候了。这种关系的终结，往往是对方提出来的，他认为缺爱的一方像一个深渊，不停将自己往下拽，他需要逃离。而作为缺爱的一方，渴望挽留对方，承诺改变，但为时已晚。在亲密关系中，并没有绝对的公平，开始一段关系需要双方同意，但结束一段关系只需要一个人同意。

你想更亲密，他却逃避又疏离

每个人都需要爱，如果你不爱自己，就只能向别人要爱，而等待别人施舍就像是被人卡住脖子，让你处于受制于人的境地。我记得在学习心理学的时候，曾经在课堂上讨论过一个案例。案例中的孩子大概十岁，父母离婚之后由外婆抚养，而外婆因为身体的原因无法长期照顾这个孩子，大家就此来讨论应该如何帮助案例中的孩子。有的同学说："我们要教她学会爱自己，教会她坚强、独立、勇敢。"我们的导师问："你要如何教会一个十岁的孩子爱自己呢？"

是的，孩子需要爱，但这份爱只能来自大人，因为孩子没有这个心智条件，也没有爱自己的能力。孩子不能赚钱，不能独立生活，也不能辨别是非对错，一切只能依靠大人。而作为一个成年人，身心条件都已经成熟，可以自己赚钱，有知识，有能力，却不会爱自己，仿佛退化成一个孩子，这是很可惜的。

只有学会爱自己，你的东西才真正属于你。很多事业成功的女性不懂得爱自己，觉得爱只能靠别人给予，只有别人爱自己，才能感到幸福，甚至为了别人的爱可以用一切去交换。不懂爱自己的人只能向别人要爱，也会用错误的方式经营亲密关系，最后让彼此更加疏离。

从行为端来看，一般表现为以下几种类型：

1.指责型

在亲密关系里很容易发脾气，动不动就指责和抱怨对方的人，其实都是在表达需要，需要对方做到自己想要的那样，需要对方主动给予，这当然也是缺爱的一种表现。比如，一个女人对男人说："你吃完饭怎么不把碗直接洗一下？"她是想说："我这么辛苦地做家务，把所有的东西都收拾好，你吃完

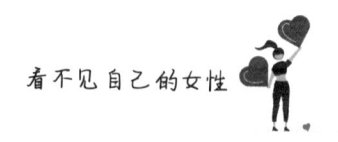

饭竟然不把碗直接洗好,你不爱我。"再比如,女人说:"你下了班不想着马上回家,还跟同事去喝酒,整天就知道玩,一点儿都不顾家。不想回来就别回来!"她其实想说:"我需要你,需要你的关心,需要你回家陪我。"这些例子都是用指责、批评或抱怨的方式来表达需求,当然也是在表达对爱的需要,但往往事与愿违,对方不会因此更爱你,反而想要逃离。

面对生活中不如意或不顺心的事情,用指责、愤怒或暴力的方式来面对,事情不会因此改变,但身处其中的人在心理或行为上会发生改变,最终导致关系的变质。究其根本,是因为你不会爱自己,而且会"引导"别人同样不爱你。对你来说,无论与谁相处,别人都应该按照你的需要来满足你,由此引发的冲突仅仅是因为另一半不是你所幻想出的盖世英雄,无法踏着七彩祥云来拯救你。

2.理智型

在关系中总喜欢讲道理,永远试图说服对方的人属于理智型。很多伴侣或夫妻,遇到事情总要争论不休,非要争出个对错，看起来讲得头头是道，其实也是在用讲道理的方式向对方要爱。虽然说了很多，但表达的无非是"你看我都这么委屈了，你还不听我的"或是"你应该知道自己错了，你要向我道歉"。通过辩论来赢得对方的爱，其实会把彼此拉得更远。相对于讲道理，两个人之间更应该讲的是情。

3.讨好型

讨好型的人在讨好他人的过程中会忽略自己的感受，这是一种非常不利于亲密关系的行为模式。为爱付出一切的人，可能会做很多事情讨好对方，甚至期待这样可以让对方以同样的方式爱自己，在交往过程中也会小心翼翼，以揣摩对方的心思作为自己的行事准则。他们不敢提要求，生怕被拒绝，将自己的言行建立在对方的评价之上，因为担心被嫌弃，所以一再降低自己的位置，表现得敏感而脆弱。正是因为不会爱自己，所以寄希望于讨好别人，从别人那里获得爱。

4.说反话型

还有一类人是用说反话的方式来要爱的,比如吵架的时候会冲对方吼出一句"滚到一边去",如果对方照做的话,自己只会感觉更委屈。用说反话的方式来要爱,是受潜意识的引导找寻熟悉的痛苦。明明想对丈夫说"下了班回家陪我吧",说出口后就变成了"不想回来就别回来",结果成功激怒丈夫,然后以吵架收场。

不懂得爱自己的人不会用正确的方式表达自己的想法,反而会用错误的方式经营关系。那么,懂得爱自己的人会怎么做呢?他们会结合当下的情形真实地表达自己的想法,也会站在对方的立场换位思考。这种遵从内心的一致性表达,可以让对方更了解自己的想法,更重要的是可以在应该说"不"的时候勇敢说"不",不用担心说"不"之后就失去对方,然后一味地委屈自己。在应该表达自己的感受和需要的时候,他们也会勇敢地表达出来,而不是拐弯抹角地去玩那些拿捏关系的把戏。

第一章　看见自己，是一切疗愈的开始

马歇尔·卢森堡博士的非暴力沟通是很好的关于一致性表达的沟通模式，包括说感受、说需要、讲请求等要素。很多人会把自己的想法误认为是感受，但想法不一定是事实，感受却是真实的。比如男朋友在约会的时候迟到，女生就觉得对方可能不爱自己了，这不是感受，而是想法。女生想表达的其实是对方的迟到让自己心里很不安。有期待才会有抱怨和指责，当对方没有满足自己期待的时候就会产生。

当你意识到自己在抱怨和指责时，才能清晰地看到自己未被满足的需要，然后用合理的方式表达出来，这样能换来对方的积极回应，而不是抵触与反抗。非暴力沟通的最后一点是说出你的请求，关于期望的表达越清晰，才越容易被执行。

回到前面的案例，女生吵架的时候叫男友"滚到一边去"，她的请求是：你让我很生气、很委屈，如果你过来抱抱我，就会让我很有安全感，我会得到安慰，也会安静下来。又比如那个希望丈夫早点下班陪自己的妻子，不需要通过"不想回来就别回来"的反话来表达，而可以直接说出自己的期望——"我最近有点不开心，你下班之后就回来陪我，好

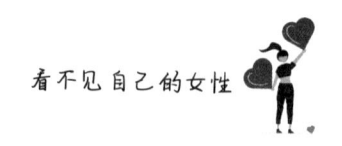

吗？和你在一起，我的心情会好很多。"

每个人都渴望亲密关系，也会产生莫名的焦虑。有的人甚至会练习——练习某一天失去对方时，应该如何故作镇静而不失礼。真正被爱滋养长大的人，不会用拐弯抹角的方式来表达，而是直接说出自己的感受。那些错误的处理方式，对亲密关系没有任何好处，只会把事情搞得更加复杂。

看见的问题,源于看不见自己

如果你看不见自己,也不懂得爱自己,那么会产生很多问题。接下来,我们就来具体说说会有哪些问题。

1. 自卑

自卑的人觉得自己的缺点是无法让人接受的,所以要隐藏起来。可是,如果你认为关于自己的一部分是羞于见人的,又如何坦然地和其他人相处或是面对这个世界呢?自卑的人对自己有着不符合事实的负面评价,他们会把焦点放在曾经的失败经历或是缺点和不足上。他们没有能力接受曾经犯的错误,这些错误慢慢变成人生的包袱,之后因为害怕再犯错,他们会错

过更多的机会。

美国心理学家埃利斯曾提出"情绪 ABC 理论",简单来说,就是任何事情都是中立的,对事物的看法则是自己的认知,认知决定情绪,情绪控制行为。世界上没有完美的人,每个人都会有缺点和不足,但有些人就是可以非常自信,他们会把关注点放在自己拥有的部分,自卑的人则不然。

在我的来访者中,很多人都有父母在自己童年时离婚的经历。其中有一个来访者,她对于这点特别介意,也因此感到自卑,从来都不和别人提起自己的家庭和父母。实际上,很多人都有父母离婚的经历,却未必都会为此感到自卑,有的人可以非常坦然地面对这种情况。而我的这位来访者,她将这种经历视为被人看不起的根源,并且无限放大,对自己的人生产生了很大的负面影响。其实,自卑的理由有很多,即便不是父母离异,也可能是身高、长相、学历等方面的原因,如果在意,任何一点都会让人感到自卑。

我们需要走出自卑,逐渐变得自信,只要你想,就一定可以。你需要重新审视自己,找到自己的优点,并且逐渐放大。

关键在于你的关注点在哪里，又聚焦在哪里。走出自卑需要真正地接纳自己，接纳自己的不完美和过去的创伤经历，这也是我们爱自己的方式。

2. 自我怀疑

自我怀疑和自我攻击都是内化的父母批评的声音。从小在批评声中长大的孩子，内在永远有着批评的声音——"你这个也不行，那个也不行，做什么都是错的"。因为这种声音的存在，孩子很容易怀疑自己。孩子不具有很强的分辨能力，父母的负面评价很容易会被全盘接受，然后变成孩子的自我评价。

我经常讲一个故事：一只小象被人用铁链拴住了一只脚，铁链有一米长，每当这只小象尝试走远一些，脚会被铁链扯得很痛，所以它只能在以一米为半径的圆内活动，不敢超过这个范围。小象慢慢长大，变成大象之后，已经可以很轻松地挣脱铁链，但它并没有这么做。因为它在心里已经认定自己永远都是被拴住的，只可以拥有这一点点的活动范围。

父母批评的声音对孩子来说，就像是小象的铁链。即使孩

子已经长大成人，有了独立思考和判断的能力，可以意识到父母的评价只是针对某个时期或者某件事，而且这种评价也未必正确，但由于孩子听得太多，还是会把那些声音变成自我评价。在这样的状态下，人很容易悲观地看待问题，也更容易产生自我攻击。

一个人不爱自己，很容易自卑，觉得自己做什么都不行，即使有很多事情可以证明你行，但你还是会选择待在以一米为半径的圆内。如果"不相信自己能行"的想法已经上升到人格层面或是下沉到潜意识层面，那么自卑就会变成生命的底色，持续对你造成负面影响。

3.没有标准或低标准

不爱自己的人对很多事情是没有标准或者标准很低的，因为给不了自己需要的爱，有人喜欢自己或是愿意和自己交往就已经很开心了，还需要什么标准呢？如果有标准的话，他们不相信还会有人愿意和自己交往。

我曾经有一个来访者，是位二十多岁的姑娘，个子很高，长得也很漂亮，却有一个对她算不上好的男朋友。两个人平时出门，每一次消费都是AA制的。有一次，她因为家里有事，手头的钱拿去应急，暂时没钱交房租了，于是向男朋友借钱，结果男朋友想都没想就直接拒绝了她。她的男朋友并不缺钱，却没有借给她。这位姑娘当时很委屈，她不明白男朋友为什么从来不送她礼物，消费永远都是AA制的，连应急的钱都不愿意借给她。她既委屈又不解，但面对男朋友的冷漠，她选择了接受。为什么会这样呢？我在了解她的原生家庭之后有了答案。

这位姑娘的父母在她小时候就不重视她，她在成长过程中缺乏父母的关心和爱护，造成了她的低自尊，并且伴随至今。她不会爱自己，一个男生每天给她发信息，偶尔关心一下，就让她觉得很感动，即使自己遇到急事时得不到对方的帮助也接受了。她从小被父母忽视，长大之后受到同样对待，虽然会难过，但最后还是会接受，因为她从小到大能得到的东西都是低标准或是没有标准的。

一个人需要爱，却无法自给，只能把希望放在别人身上，

看不见自己的女性

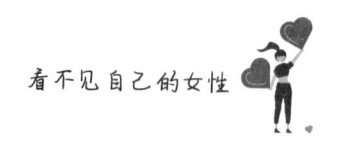

这就意味着要接受不平等条约。如果你是渴望爱的人，还有商议的空间吗？没有。你不知道自己的真实价值，只能任由对方高高在上，想怎么样都可以。你需要懂得爱自己，从这里开始，做自己的甲方。

4.遇人不淑

有些女生总是遇人不淑，就是因为缺爱，不懂得爱自己，所以遇到一个能让她感到自己被关心的人就很可能接受对方。自己无法独自过好生活，就需要另一个人搭救。为什么有的人明明没有被珍惜和善待，即使被对方伤得体无完肤还是不愿放弃？因为对爱的渴求让自己离不开对方，把幸福的希望全部放在别人身上。

如果你的心理营养来自他人，就需要向他人索要，不被重视也不能反抗。长久如此，你就彻底失去了尊严，在错误的关系里沦陷。你视对方如宝藏，却被对方视为尘埃。**既然我们已经找到问题的根源，就不必认为搜刮出自身所有价值后才有资格开始，现在就选择爱自己吧。**

爱自己，理应成为我们的本能

不懂得爱自己的人不了解真正的爱，自以为爱得死去活来，哭得撕心裂肺，又伤得刻骨铭心，最后发现那根本不是爱情。很多不懂得爱自己的人会把需要当成爱，就像心理学家艾里希·弗洛姆在《爱的艺术》中指出：不成熟的爱是我爱你，因为我需要你；而成熟的爱是我需要你，因为我爱你。

有一位画家每天辛苦创作，因为他需要以此为生；而另一位画家更辛苦地创作，却不打算卖出任何作品，但是他乐此不疲，因为他热爱创作本身。通过两位画家的差异，我们可以更好地理解：有的人需要来自他人的爱，但收获的未必是爱，而是满足自己对爱的需求。

和大家分享一个真实的案例：我有一个来访者，她和丈夫的关系很糟糕，她的丈夫已经很久不回家，但她就是不愿意离婚。她当时说："其实我应该也不爱我丈夫，如果我爱他，我怎么忍得了？明知道他不愿意回家，但我就是需要他，我不能接受离婚，也不能接受家庭破裂。他除了给我基本的生活费，已经不管家里的任何事情，但是毕竟还是家庭的一分子。我只要一天不离婚，我就还有丈夫，我的孩子就还有爸爸。"

需要并不能成为爱一个人的理由。需要一个人扮演丈夫的角色，即使这个人的心已经不在家里，这是爱吗？当然不是。没有爱，甚至只有恨，这其实是一种离不开的关系。离不开是因为不能自给自足，不愿意跳出自己的舒适圈，因为缺乏走出来的勇气，只能选择维持原状。

成熟的爱是什么样的呢？在经典的心理学图书《爱的艺术》中，艾里希·弗洛姆曾经给出答案——在保留自己完整性和独立性的条件下，也就是在保持自己个性的条件下与他人合二为一。而我的这位来访者死守的婚姻早已经名存实亡，更没有爱的存在。

再来说另一位来访者，这位来访者因为缺乏安全感，所以对男朋友有很强的控制欲，对方选择了分手，而她无法接受，于是用各种方式想要挽回。男朋友不想被纠缠，把她的联系方式都删除了。她承受不住，经常会到男朋友家的楼下远远地看着他屋内的灯光，或是守在男朋友的公司楼下只为看他一眼。很多人会觉得她一定是爱得太深才如此痴情，实际上这是迷恋。迷恋并不是爱，而是一种不受自己控制的情绪。

这位来访者在成长过程中，父母没有给予应有的爱，导致她一旦爱上某个人，和对方建立亲密关系之后，就无法接受分离，无论是形式上还是心理上，她都希望可以继续保持某种连接。这就是我们之前说的不安全型的依恋模式，而不安全型的依恋模式会产生不健全的心态，最终导致人格缺陷，并且在亲密关系中制造各种问题。

迷恋不是爱，而是因为内在的缺失。 自己不知道如何弥补这种缺失，一旦在亲密关系里得到过心理的满足，就会单方面认定对方就是爱的唯一寄托。究其根本，这是一种在过度缺失的状态下，偶然得到之后的成瘾。正是因为自己的生活很

糟糕，在任何关系中都无法获得爱，当你遇到一个喜欢的人，在谈恋爱时会产生的神经递质，比如多巴胺、内啡肽、苯基乙胺、去甲肾上腺素等的作用下，对方变成你生命中唯一的亮点，其实这也是属于需要，而不是爱。

当你不会爱自己，就不可能拥有真正成熟的爱，因为无法让自己过上幸福的生活，就需要依靠别人来达成这个目的，于是出现了各种各样的虐恋。幸福无法依靠别人施舍，只能依靠自己。一个无法独立行走的人不可能飞奔，他会满足于得到一根拐杖而忘记独立行走。**葡萄藤上开不出百合花，找不到答案的时候就试着寻找自己。找到自己，好好爱自己，理应成为我们的本能。**

成年之后,请开始你的第二人生

一个不会爱自己的人就如同一个长不大的孩子,追着奶瓶要奶喝,在不同的人身上伸手要爱,被动而卑微,换来的总是失望,然后悲观地认为世界上并没有真爱。其实,你遇到的都不是真正的感情。一段健康的关系应该让你感到舒服和自在,也会让你得到滋养和成长。如果你想变得独立而强大,把希望放在别人身上是不可靠的,你必须学会爱自己,让自己真正长大。

靠别人施舍拥有的爱,是不可靠的。这个世界上只有一个人对你的爱是可持续的,这个人就是你自己。只有自己会永远陪伴自己,也只有自己才可以给予自己最大的支持。你终究要

学会爱自己，只有这样，你才能真正拥有内在的力量。当爱来自别人的时候，它是你的外部资源；当爱来自自身的时候，你拥有的才是内部资源，而内部资源才是真正属于你的。

法国心理学家雅克·拉康的精神分析学说中有一句名言——"我于我不在处思，故我于我不思处在。"单从字面理解，这句话的意思是个人主体有了对事物的思考，则证明了客体的存在。如果我们把这句话放到亲密关系中，就是对情感最质朴的解释：当我爱你时，爱是自然流动的，随之而来的陪伴、呵护、支持都是自然发生的，我在与不在，我的爱都在；而当爱被控制、被要求发生时，即我按照你的指令来爱你、对你说"晚安"、秒回消息等，这是被操控的爱，是扭曲且无法长久的爱。

这个世界上，唯有对自己的爱才是你的内部资源，是真正属于自己的，随时都可以得到，并且不会中断。也许你会觉得爱是虚无缥缈的，怎么向自己要呢？从发展心理学来说，个体对知识、经验的习得会有一个关键期，爱自己也可以当成一门学科，值得用一生来学习。那么，学会爱自己的关键期是什么时候呢？

关键期的概念最初是由奥地利生态学家康罗德·洛伦兹提出的。他在鸟类自然习性的观察中发现，刚孵出的幼鸟在出生后会对看见的第一个对象产生追随反应，这是一种本能的反应。这种"印刻现象"只在出生后的短时间内发生，所以把这段时间称为"关键期"。

习得某些知识、技能或是形成某种心理特征的最好时间就是关键期，学习爱自己也同样如此，童年时足够的爱与陪伴、青年时健康阳光的恋情、中年时相濡以沫的婚姻、人生中跟随一个好老师坚持学习等，都是习得爱自己的关键期。我会在接下来的章节里讲述具体的方法，现在的你只需要做一件事，就是下定决心，因为爱自己这件事无法依靠别人。当你学会爱自己，你就能相对独立、勇敢地活在这个世界上。注意，是相对，而不是绝对。

我为什么要在这里强调"是相对，而不是绝对"呢？因为有些人会因为爱自己而走到另一个极端——追求绝对独立。他们认为自己可以自给自足，不需要依靠任何人，也不需要看

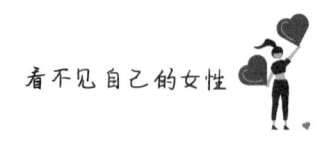

任何人的脸色。

爱自己不是走极端，我们不能过度依靠别人，也不能把自己活成一座孤岛。最好的状态应该是既可以独自辗转于人间，也可以与人相伴到白发。我们是人，需要和其他人产生情感连接，才会觉得人生是更有意义和价值的。当你可以做到相对独立时，既有志同道合的朋友，也不会受到人际关系的困扰，和身边的人保持让自己感到舒适的距离。你不需要通过取悦他人来获得认可，也不需要努力将自己塑造成符合男人期望的理想对象，生活也会因此而变得轻松和自在。

成年人和未成年人相比，除了身体上的成熟，还有思想和心理上的成熟。成年人的认知能力会逐步提升，情感和人格也会日趋健全，并且形成稳定的人生观和价值观。可惜的是，并不是所有成年人都会这样，很多人在进入社会之后，会给自己重新寻找"父母"，变着法子要爱。因为他们始终把自己当成孩子，无法将这个世界视为完整、协调的世界。如果他们可以学会爱自己，就可以找到自己的人生坐标，成为一个真正独立、成熟的人。只有这样，才有可能遇到真正的爱；即使没有，你仍然有自己。

很多人会问我一些问题，如"老师，在这种情况下我该怎么做"或是"如果我这样做的话，父母和其他人会怎么想"等。问这样的问题可以表明来访者的思绪混乱，不知道哪里是解决问题的着力点。如果他们懂得爱自己，就会以自己为出发点，而不是首先考虑其他人的想法，影响自己的判断，进而干扰自己对事情的处理。

我的一个来访者，她和公司的同事谈恋爱了，两个人很合拍，又互相欣赏，在一起有聊不完的话题。恋爱三年之后，两个人到了谈婚论嫁的时候。女方的父母坚决不答应这门婚事，原因是男方离过婚，还有孩子，尽管孩子由前妻抚养，他们也不能接受。来访者为此特别纠结，她当时对我说："老师，如果我嫁给他，父母一定会很生气，但让我分手，我又舍不得这份感情，毕竟遇到一个合拍的人很难。"她不知道自己应该怎么做，但如果她懂得如何爱自己，就会知道什么才是对自己人生最负责的选择。父母不同意本身是否算越界的行为？结婚的选择最终由谁来承担结果？想清楚这样的问题，很重要。

看不见自己的女性

我们每个人都可以拥有两次人生，身为女性，当你看见自己时，意味着你已经开始了自己的第二人生。而当你学会爱自己，就可以看出所谓生命蓝图，在每件事情上也会有自己的主意。就像来访者遇到的问题，如果她选择听从父母的意见与爱人分手，之后她只会感到痛苦。一个痛苦的人，又拿什么去爱父母呢？

如果学会爱自己，对于遇到的事情，你会了解得更清晰，也可以独立解决，不用到处问别人。其实，询问别人的意见是寻找一种"被控制"，因为自己无法抉择，但爱自己才是最好的答案。假如从现在开始，你将毫无保留地爱自己，又会获得什么呢？

1. 生命的觉醒

如前文所述，不爱自己就可能受限于人，无法激发人生的全部潜力，你会像个长不大的孩子，到处寻找"奶瓶"。你错误地认为爱只能来自他人，当你明白爱可以来自己，才会让自我变得丰盛。以前的你一直在沉睡，开始爱自己之后，你也获得了生命的觉醒。

2. 掌控生活

为自己建立一套行为准则，设立人际关系的边界，找到人生和情感的终极坐标，可以让你在一段感情中不再委曲求全，更好地和对方相处。

3. 扩大内在资源

当你停止从他人那里索取爱和安全感，开始向内探索并自给自足，你才会活得更有质量，才会成为一个真正成熟的人，勇敢而独立。

第二章
走出分离焦虑,离开任何人你都可以过好这一生

爱的溺水者——不能接受分离的心理动机

在第一章中，我们详细说明了看见自己，尤其是爱自己的重要性。从这一章开始，我们将进一步阐述不懂爱自己的人将面对什么样的人生功课，以及解决的方法。首先，我们来说的是分离焦虑。

很多人在亲密关系中即使受到很多伤害，仍然会"勇往直前"；明知道对方是一个错的人，自己有诸多不满和怨恨，但就是不会放手。因为不懂爱自己的人内在有一个永远长不大的孩子，不能接受分离。可是，**人要学会爱自己，才能面对分离，然后真正地拥有。**

一个人真正的知音首先是自己，其次才会是别人。然而人

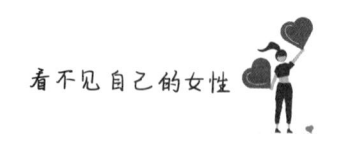

会遇到一个困难——不自知。所谓"知人者智，自知者明；胜人者有力，自胜者强"。若你的内心没有力量，总是害怕失去，为了不失去就强迫自己留在关系之中，这就失去了在一起的意义。无法放弃关系和无法接受分离的状态让你无法过上自己想要的生活，勉强维持的关系里住着两个孤独的人，看似在一起，却貌合神离。我们需要问自己一个问题：为什么我们无法成为自己的主人？

不能接受分离会让你成为一个"恐怖"的爱人，不是指你会给他人带来危险，而是你索取爱的方式会让伴侣感到疲倦。你拼命想维持关系，但伴侣只想抽身而去，分手令你痛不欲生，然后再三纠缠对方，想要和对方保持最后的连接。**对于一个想要结束关系的人来说，任何拉扯都只会让对方越逃越远。**

小时候没有得到父母（养育者）悉心照顾的孩子，长大之后进入一段关系，他们会很难面对分离。从心理学上来说，一个人的母婴关系就是他成年之后亲密关系的缩影。如果父母（养育者）在孩子小时候没有按照他的需要来照顾他，孩子将很难获得真正的安全感。心理学家爱利克·埃里克森把人的一生划分为八个不同的时期，孩子在婴儿期最需要的就是对这个世界的信任。孩子如果在最需要父母的时候总是见不到父母，便会觉得世界是不安全的。长此以往，孩子将这种不安全感内化，成年之后进入亲密关系，也会时时感到不安全。**对一个可以好好爱自己的人来说，无论和他人相隔多远，关系也足够稳定，对未来也有足够的憧憬。**

世界上所有的爱都指向融合，唯有父母与孩子的爱指向分离。父母对孩子真正的爱是帮助孩子更好地融入这个世界，以更为开放的思维去面对充满不确定性的未来，从而获得更为广阔的生活空间。父母想要做到这些，在抚养孩子的过程中，就需要给予足够的爱和支持，以及充分的心理营养。父母如果没有做到，就很可能给孩子造成不同程度的创伤，比如被遗弃、被忽视、被虐待，还有被过度保护，这四类创伤是童年创伤的主要类型。在这些创伤中长大的孩子，成年之后是很难做到与父母真正分离的。一个人在小时候缺什么，长大后就会在亲密关系中渴求什么。不能接受分离的人，心里住着一个长不大的孩子，这种害怕被抛弃和不被重视的创伤被他们带入了亲密关

系中，然后无意中将对方变成加害者，自己则成为受害者，强迫性地重复童年的经历。

作为成年人，无论父母曾经的养育方式如何，现在的你都有重新选择人生的权利。我将和你一起去面对童年阴影，见证你的孤独和勇敢，也将陪伴你从当下重新出发，开辟人生的新天地。

在爱里伤痕累累，在生活中处处碰壁，在工作中举步维艰，这些是我在咨询工作中遇到的"常客"。那些无法给自己带来安全感的人，一直寄希望于他人。他们一再重蹈覆辙，依恋、纠缠、难过、分开，不健康的依恋模式让他们在情感关系中一直痛苦地挣扎着。如果你开始好好爱自己，不再对自己吹毛求疵，你的人生将翻开新的一页，可以欣赏美丽的风景，也能拥有健康的关系。生活就像一面镜子，你对自己的态度时时刻刻都在生活中呈现。不爱自己的时候，在亲密关系中举步维艰，而学会爱自己之后，会变得如鱼得水。

父母给孩子的爱是无可替代的，尤其是母爱。人格的健康发展需要温暖和慈爱，需要包容和接纳，从小得不到父母关爱，尤其是得不到母爱的人，虽然身体在成长，但内心的小孩却没有一起成长。人的成长既包括身体上的，也包括人格上的，比如从单一的自我世界里学会理解和接纳，学会与他人合作，理解世界的多元化，了解人性的单纯和复杂，等等。

一个人在亲密关系中表现出的卑微和讨好，和小时候面对父亲或母亲时的小心翼翼如出一辙。孩子是无法独立面对这个世界的，他需要父母的关爱和庇护，为了得到父母的爱，孩子会竭尽所能。孩子会慢慢形成一种相处习惯，这种习惯将会影响他长大之后对关系的处理，尤其是在亲密关系中。在亲密关系中，你为了获得对方的爱，就算被伤害也不愿意放弃，用熟悉的方式讨好对方，反复试探。你以为自己的执着是因为遇到了真爱，实际上和对方是谁并没有关系，而是你自己出了问题。

如果你不懂得爱自己，就会变成爱的"溺水者"，认为只有对方爱你，你才是有价值的，你才能找到存在感。在关系中乞求对方的爱，更多的时候，得到的只有伤害。你要学会真正爱自己，把自己当成最重要的人，而不是乞求别人爱自己。别人可以爱你，也可以收回这份爱，只有你给自己的爱是最可靠的。

分离,让人重新化为孤岛

接下来,我会具体讲一下什么样的人不能接受分离。

1.不安全型依恋人格的人不能接受分离

父母不同的教育方式会让孩子形成不同的依恋人格。我在前文中提到,心理学家艾里希·弗洛姆认为:不成熟的爱是我爱你,因为我需要你;而成熟的爱是我需要你,因为我爱你。安全型依恋人格的人相信自己的伴侣能够提供安全感和源源不断的爱,不怀疑对方无法满足自己的需求,就算对方暂时不在自己身边,依然相信彼此的感情是牢固的。而不安全型依恋人格的人,他们的想法是反的,他们不相信有人真正爱自己。因为他们在小时候失望过太多次，不对此抱有任何希望，这样的想法一直种在他们的心底。

不安全型的依恋模式分为回避型和矛盾型。人在小时候就像是一株树苗，想要长成参天大树，需要足够的阳光、空气和水。对孩子来说，父母的肯定、赞美、认可以及无条件的爱和支持就是这些必要的因素。如果一个人小时候缺乏这些心理营养，就很可能发展成不安全型的依恋模式。如果他失去一段关系，就会感觉天都要塌下来了。人类对爱的渴求有时候更甚于对食物的。亲情不只是生，更重要的是养。父母对孩子在童年时的关爱和陪伴会成为孩子终生的精神食粮，具有无可替代的作用。

世上没有坏人，只有没有好好被爱的人。一个人如果是在被爱的环境中长大，他会爱自己，也懂得爱别人。他的世界是温暖和安全的，可以更好地接受自己与别人的不同。爱自己的人不需要和别人一样，也不会拿自己和别人比较，懂得欣赏和接纳自己，可以给予自己最大的热情和信任。草木生于四季，丰茂于不同时节，人生更是如此。

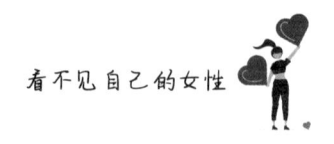

我们现在经常听到"你要内心强大"这样的话，所谓内心强大，就是要放下自己的执念，能够与自己平和相处，对其他人亦是如此。若你的内在足够丰盈，就可以更好地面对人生，也许会与想要的生活不期而遇。

2.有分离焦虑的人不能面对分离

一个人在小时候有过和最亲近的人分离的创伤经历，他在长大之后，如果和爱人分手，创伤记忆很可能会被激活，导致他无法接受分离。在他的眼里，分离意味着自己将面临无法忍耐的孤独和撕心裂肺的痛楚，感觉自己被抛弃，每一刻都像是世界末日。

我的一位来访者小C，她在三岁之前都是和妈妈生活在一起的，但是后来妈妈将她送回了老家，由外婆照顾她。孩子突然见不到妈妈了，她不知道是怎么回事，只知道最亲近的人不在身边了，这对孩子来说无异于天塌地陷。小C的世界在那一刻坍塌，她每天都在等妈妈带她回家，可等来的只有失望，被遗弃的创伤从此深埋于小C的内心。小C长大之后，在恋爱未果、选择分手时也会产生同样撕心裂肺的感觉。

有分离创伤的人在和爱人分开时，童年的创伤记忆就被激活了，这让他们抗拒分离，因为他们无法面对内心的痛楚。对他们来说，之后再美的风景也是落叶残花，再晴朗的天空也是愁云惨雾。

3.被溺爱的孩子很难面对分离

为什么被父母溺爱的孩子也会难以面对分离呢？因为父母包办了孩子的一切事务，孩子完全没有自己探索和成长的空间。这样的孩子长大成人，进入社会后，会有一种无力感。外界的风雨让他彷徨，找不到方向，失去父母的庇佑又会让他产生巨大的失落感。这样的痛苦在他人看来显得有些不可思议，却是无比真实的存在。

孩子要通过父母才可以和这个世界发生连接，如果父母和孩子的互动忽视了孩子的身心发展，孩子就会永远成为父母的附属品。密不透风的爱会剥夺孩子探索世界的能力，真正的爱是尊重和爱护。

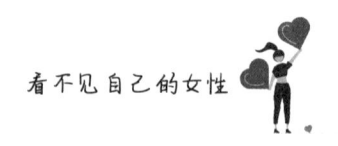

六十分的父母是最好的父母，而一百分的父母未必对孩子的成长有益。父母对孩子放手，即使结果不好，双方一起承担就好。父母应该在孩子需要帮助的时候选择支持，不需要的时候则选择默默关注，让孩子前进时有方向，回家时可以感到温暖。

好好告别，才能奔赴下一程山海

父母应该明白，孩子一天天地长大，他的探索空间会越来越大，在父母身边的时间也会越来越少，直到长大之后独立生活，过自己的人生。可是，很多父母并不愿意面对孩子的长大，总想把孩子留在身边，最后孩子会变成父母保持自我价值的牺牲品，永远都无法真正长大。父母的责任之一就是培养出一个在心理上可以与自己分离的人，因为爱，所以要让孩子展翅高飞，孩子飞得越高，父母的爱才越正确。

大家口中的"妈宝男"和"妈宝女"，很多就是因为父母没有让他们学会成熟和独立。父母不让孩子独立解决自己遇到的问题，也没有给足孩子探索世界的安全感，导致孩子在成年之后在

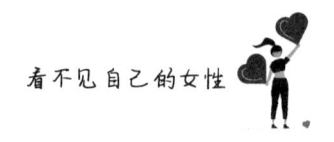

心理上并没有成熟。这样的人在进入社会之后,可能会很难适应生活中的变化,也无法面对亲密关系中的分离。对于缺爱的人而言,分离无异于一种刑罚,它会撕碎人的内心,让人陷入巨大的恐慌和痛苦之中。不能面对分离或是不能和别人好好说"再见"的人,心里很可能住着一个没有和家庭分离的小孩。

如果不想深陷在痛苦之中,就必须学会在心理上和父母告别,然后真正地长大成人。只有这样,才能处理好每段关系,尤其是亲密关系,哪怕是和对方说"再见"的时候。否则,你既不能好好爱自己,也不能好好爱别人。真正的亲密关系是理解、包容和成全,带着温情去接纳彼此的过去,拥抱彼此的真实。

爱自己是好好告别的重点。小时候的你可能因为心理营养不足,很依赖别人,但那不是你的错,而是生活在给你上课。生而为人,幸运之处就在于我们可以有思想,可以将过去和未来连接在一起,然后决定自己当下的行动。人在任何时候都有选择的自由,可以屈服于困境,选择委曲求全,也可以把困难当成考验,然后战胜它。只有这样,你才会慢慢变成一个真正意义上的成年人，懂得爱自己，可以给自己提供足够的心理营养。那么，要如何才能做到呢？我在很多场合都推荐过冥想，它可以有效减轻我们身上的压力，让我们的内心感到安定，减少我们的精神内耗。我自己也是冥想的受益者。

据我所知，很多心理咨询师之所以选择这个行业是因为自己也受到心理问题的困扰，我就是其中之一。我在二十五岁的时候得过焦虑症，在长达十几年的自我疗愈的过程中，我试过很多对抗焦虑的办法，练瑜伽、做运动，再到自学心理学，直到把自己变成一个专业人士。在诸多方法中，我认为冥想是最有效的方法。

冥想的时候到底在想什么呢？答案是尽量什么都不要想。大脑永远在分析过去、计划未来、比较和评判，而我们的思维就像是一条永不停息的河流。冥想就是让大脑有一个休息的机会，你会有意识地将注意力集中在呼吸上，让注意力受到自己的控制，从而改善自身的焦虑状态。冥想的方法有很多，我在这里和大家分享一下自己平时使用的方法，简单有效，又具有可操作性。

第一步，找一个不被打扰的空间，屈膝盘腿，腰背挺直地

坐着，尽量不要躺着，因为那样很容易睡着，我们的目的是要保持觉知。

第二步，设定十五分钟左右的闹钟，闭上眼睛后开始有规律地呼吸。有的人采用腹式呼吸，有的人就和平时一样。我的经验是一开始采用腹式呼吸，大概五分钟之后，觉得自己进入了状态，就开始正常呼吸。仅仅专注于呼吸就可以了，为了保持专注，你可以数数，从一数到十，然后再重复。你也可以在吸气时默念"滋养"，吐气时默念"放下"，直到闹钟响起。

第三步，在走神的时候，让自己重新专注于呼吸就好。人在冥想的时候很容易走神，思绪的河流会把你卷走，但你不需要自我批评或自我怀疑，走神是再正常不过的，这就是无意识思考和有意识呼吸两者之间的抗衡。在一开始练习的时候，你可能大部分时间都不能专注，这很正常，不要气馁，坚持下去就一定会有进步。

如果你每天坚持练习，大概半个月之后，你就会惊喜地发现自己的情绪更平稳，心态也更平和，对那些让你感到焦虑、害怕和担忧的事情也不会再有那么大的反应。遇到一些刺激性的事件，比如原来会让你暴跳如雷的事情，你可能还是很生气，但情绪不会那么强烈。这些都是练习冥想后的真实感受。听起来有点不可思议，为什么会这样呢？

关于冥想的科学解释，大家感兴趣的话，可以具体了解一下。简单来说就是，人通过专注于呼吸让负责注意力和专注度的前额叶皮层区来抑制大脑的情绪反应，缩小大脑掌管情绪反应的杏仁核。杏仁核越大，情绪的耐受性和容忍性越低。长期的练习可以让你做自己头脑和情绪的主人，让内在充满力量。冥想是学会爱自己的重要方法。

不用依靠别人，依靠自己就能感受平静和愉悦，并且充满力量，这是件多么振奋人心的事啊！无须别人的帮助，自己就能完成，这就是爱自己的能力。不过，这个能力需要练习才可以获得，就好像爬山一样，领路人告诉你走哪条路能到达顶峰，但是爬山这个行为还是得靠你自己去完成。这个世界上最珍贵的东西往往不需要钱，比如阳光、空气和水。你再也不用到处寻找爱和力量，它一直在你这里。

除了冥想，我也大力推荐运动。运动后的大汗淋漓可以减

轻压力，让人心情愉悦，既可以增强体质，也能有效改善情绪。运动后的酣畅和轻松，这种和幸福有关的体验不就是爱的感觉吗？当我们还是孩子的时候，家人的关心和照顾让我们的大脑产生大量正向的神经递质，我们由此感到安全和幸福；长大之后面对亲密关系，伴侣的体贴和爱护同样给我们带来幸福的体验。不过，爱情不是获得这种幸福的唯一途径，还可以通过爱自己的方式，让自己达到身心平衡。只要你愿意，运动是最容易做到的，而且可以不依靠其他人。

大量的心理研究显示，运动在保持和提高心理健康方面和其他疗法的效果不相上下，正是因为运动可以促进大脑中神经细胞的发育并优化神经细胞之间的连接。让运动融入你的生活吧！失恋、工作不顺、考试失利时，都可以去运动，让自己尽快走出负面的情绪，调整心情，成为一个可以给自己爱和能量的人。

综上所述，通过冥想和运动等方式，你可以在一定程度上达到爱的自给自足。无须其他人的帮忙，靠自己就能感受平静和愉悦，这就是爱自己的能力。每当在生活中感到不安时，你就可以用这几种方法来调整状态，从内心之中找回能量。

好好告别还需要懂得给自己补充心理营养。内在丰盈，无须外求。你要成为自己的"加油站"，给予自己肯定、认可和赞美，不让自己失去自信。试着列出自己有哪些优点，通过这样的方式带给自己积极的心理暗示。

坚持给自己积极的心理暗示是美国心理治疗专家露易丝·海治愈自己的方法。作为美国最负盛名的心灵导师，露易丝·海始终认为：我们每个人都有能力用更为积极的思维方式引导自己，拥抱更美好的生活。她创作的《生命的重建》多年来畅销不衰，为很多像她一样童年不幸的人找到人生方向，找回自信，重新开始生活。

人为什么会不自信呢？我们可以从心理学家爱利克·埃里克森的"人生发展八阶段理论"中找到答案。婴儿期的你需要建立对这个世界的信任感，你在与外界互动中得到积极的回应，由此认定自己是一个值得拥有爱的人，也可以由此认定，外界（主要是妈妈，心理学界指的是婴儿的实际照顾者）是值得信任的。

人在童年时需要通过一定的行为方式来建立自己的自主性，父母的陪伴与规范能让你既形成规则意识，又相信内在

能力。"父母之爱子,则为之计深远。"什么样的爱才是"计深远"的爱呢?父母在孩子很小的时候,给予足够的温暖和支持;在他年岁稍长时,帮助他融入身处的环境;等到他上学的年纪,教会他掌握将来适应社会所需要的技能。这个过程并不简单,孩子的自信需要一点一点地获得,而父母的陪伴和鼓励会让孩子的独立之路走得越发坚定。反之,如果孩子很少得到夸奖,不仅无法建立自信,还有可能变得自卑。

如果你不是一个自信的人,但你已经长大了,可以尝试成为自己的父母,慢慢建立自信。试着将自己做过的值得骄傲的事情写下来,包括自己的优点和长处。比如,你曾经帮助过一位老奶奶,你就可以写下"我有一颗善良的心"。再比如,你小时候参加过跑步比赛,取得过第三名的成绩,虽然不是第一名,但也是努力训练得来的结果,是值得骄傲的。既然是值得骄傲的,就可以让自己看到。增强自信不是要你盲目地对镜子说"我是最好的,我为自己骄傲",而是要明确知道自己哪方面真的值得骄傲,然后写下来。当你感觉不自信的时候就看一下,用这样的方式来帮自己找回自信。当你开始训练自己的自

第二章 走出分离焦虑，离开任何人你都可以过好这一生

信，你的自信就会像泉水一样，一点一点地涌出来，让生命充满丰沛的能量。

学会告别也要懂得好好整合自己身边的资源，把握人生的其他部分。很多人把爱情当作心理营养的唯一来源，但这会导致亲密关系出现很多问题。爱情只是人生的一部分，不是获得幸福的唯一途径。你的人生旅程从当下向未来延伸，在这个过程中，希望你可以拥有一切——亲情、友情、爱情、事业、爱好等，尽管未必会如此幸运。如果你暂时没有爱情，就去把握其他的部分。把爱情视为人生的全部的人，有点像用一条腿走路，如果失去了爱情，就会倒在地上，人生也随之一起坍塌。**如果你能把握好人生的其他部分，即使没有爱情，也可以热爱生活，从容地奔赴下一程山海。**比如：有一份很喜欢的工作，和同事相处得很融洽；或者有志趣相投的朋友，能够分享彼此的快乐和痛苦。爱和支持不一定来自爱情，也可以来自其他的关系，所以你要懂得整合自己的资源。

在心理学上，我们把除了亲密关系之外的其他关系称为"社会支持系统"。社会支持系统越多、越稳定，我们应对不确

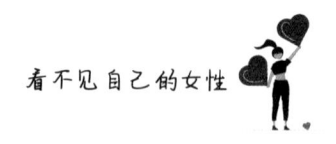

定性的能力就越强，就像谚语"你不能只带着一把伞去迎接海上的风暴"所说的那样。那么，我们具体应该怎么做呢？

我们可以做一个表格，把重要的人列出来，然后进行一个简单的资源整合。第一列是生命中重要的人，包括亲人、朋友、伴侣等；第二列是你们的关系；第三列是这些人和你相处时会有的表现，这些表现给你带来的是正面的能量还是负面的能量；第四列是能量分值；第五列是你和对方的联系次数；第六列是你接下来的打算。按照这样的方式对自己的关系进行梳理，你可以清楚地了解是谁在消耗你的能量，又是谁在给你力量。这很重要，因为它可以影响我们的幸福指数。

关系资源整合表

名字	关系	表现	能量分值（0-100）	联系次数	行动计划
张XX	父亲	暴躁、易怒	40	每天见面	应该分开住
李XX	朋友	善良、体贴	80	半年一次通话	加强联系
陈XX	伴侣	抱怨、批评	60	一周见几次	保持距离，再观察

第三章
寻回丢失的安全感,接纳自己无法全然掌控的人生

成为我,你才能真正懂我

不会爱自己的人有另一个特点——缺乏安全感。因为你给不了自己安全感,为了在关系中持续获得安全感,就会下意识地想要控制对方。你害怕受伤,更害怕失去,为了减轻这种恐惧,你会试图掌控一切。可是,你抓得越紧,失去得反而越快。

如果一个人的安全感来自对身边人和事的掌控,看似主动,实则非常被动。没有安全感是一种非常主观的内心感受,未必是真实的存在。就像一个人怕黑,即便明知道没有危险,但内心还是会感到紧张和恐惧。

我经常碰到一些非常优秀的女性,各方面的条件都很好,

可每进入一段亲密关系就会变得像一只刺猬，没有安全感，总是怀疑对方，最后弄得两败俱伤。她们尽管很优秀，但缺乏安全感，也无法信任对方，在亲密关系中患得患失，备受煎熬。这些优秀的女性在职场上冲锋陷阵，却始终无法让自己拥有安全感。看不见、摸不着的安全感对我们至关重要，甚至可以影响我们的思维模式和行为方式。那安全感到底是什么呢？

有的人认为安全感是对世界的信任，有的人认为安全感是内心的安定，也有人觉得安全感是在任何情况下都相信自己。这些说法都没问题，不同的解释来自每个人不同的人生经历。

其实，安全感是一个人对获得性的判断，是一种"只要我愿意，随时都可以得到"的信念。比如每个人都想拥有自己的家，只要你愿意，随时都可以回到这个属于自己的空间，这种随时可以拥有的感觉会让你觉得很安全。而在亲密关系中，如果对方的感情对你来说是随时可获得的，你就会有安全感；如果没有，就会感到不安。就像我们都会把钱存到银行，觉得银行是安全的，而且只要你愿意，随时可以去ATM机取出来。如果ATM机不能保证每一次都可以取出钱，你还会有安全感吗?所以,很多人在经历过失败的感情之后就认为谈恋爱是一件不安全的事。为了让自己有安全感,他们会在关系里强化"控制",也许是付出和讨好,也许是撒娇和抱怨。虽然方式不同,但指向相同——希望对方用自己想要的方式来满足自己。

正如前文所说,安全感是一种主观感受,每个人对安全感的理解也有所不同,例如:有的人觉得伴侣对自己足够好就有安全感,有的人觉得自己掌握家庭财权才有安全感。事实上,即使满足了这些要求,一旦有风吹草动,她们还是会没有安全感,因为她们认为安全感是来自对方的。如果你的安全感要从别人的行为中获得,这本身就是没有安全感的体现。无论在哪种关系中,对方都不可能永远满足你的所有要求。

一个没有安全感的人希望伴侣时时刻刻都能在自己身边,并且为此费尽心神,可这种依赖不是真正的爱。真正的爱是彼此成全:因为你需要我,所以我选择陪伴你;因为我理解你,所以愿意成全你。如果你想有一个更自由的空间,那我可以在离你更远的地方拓展空间,拥有自己的生活。

在这里需要再次强调：安全感是主观的感受。比如，飞机其实是最安全的交通工具，其安全性比火车和轮船的都要高，但有的人就是特别害怕坐飞机，哪怕要去的地方很远，也不会选择坐飞机。害怕坐飞机的人对飞机安全性的判断和事实是不匹配的，是一种脱离实际情况而存在的主观感受。换句话说，一个没有安全感的人只能根据自己的感受做判断，而不是根据实际情况。其实，一个人是否拥有安全感，和他人没有关系，和外界也没有关系，而是与自己息息相关。

安全感和幸福感一样，都是一种主观感受，每个人都是不同的。可能有的人认为幸福感是有标准的，比如家庭美满、事业成功和财务自由，但不是这样的，很多同时满足这几个条件的人并不幸福，甚至感到十分痛苦。

没有安全感的人会说"因为他是这样的人，所以我才没有安全感"，可如果对方是一个不靠谱的人，你可以选择离开，但你没有，并且把责任推给了对方。安全感是你的判断，无论对方是否可靠，只要你觉得对方不能给自己安全感，他就无法给你，无论实际情况如何。

第三章 寻回丢失的安全感,接纳自己无法全然掌控的人生

安全感取决于你的信念,是对外在发生的内在解释,就像有人觉得花好月圆,也有人觉得花最后会谢,月终究会缺一样。**没有安全感的人因为童年缺少关爱形成了不安全的内心,同时也形成了自己的行为模式——消极地解释生命中遇见的人和事。**如果你带着这样的态度面对工作和生活,应对与之相关的人际关系,就会出现很多消极的感受。于是,风雨同来,寸步难行。而这一切,都是由自己的感受带来的。

我们生活在这个世界上,每天都会遇到不同的人和事,"不以物喜,不以己悲"是很难做到的。我们总是会有不同的情绪,遇到好事会开心,遇到坏事会难过。也是在这样的时候,"可以把自己的一部分托付给他"的那个人就是我们的依恋对象,也是我们的安全基地。有一个懂你、接纳你的人在身边是一件让人安心的事情,而可以把自己交给别人的人也是幸福的。这样的关系很温暖,但这样的温暖也只属于那些内心有足够安全感的人。

对缺乏安全感的人来说,他们无法真正信赖自己的依恋对象。当一个人认为对方的可获得性不是持续的,而是随机的时

候，他对关系就会有一种无法信任的恐惧。也许有的人会疑惑：既然不能信赖对方，分开不就可以了吗？

不是这样的。没有安全感的人在哪里都不会有安全感，在关系里没有，在关系外也是一样的。没有安全感的人也有不能接受分离的问题，一方面像抓住救命稻草一样抓住身边的爱人，另一方面又会把自己的难受朝对方倾泻。如果你的安全感建立在对方的身上，希望对方随时都在，那这段关系必然会充满风险。成年人都有自己的事情，没有人能随传随到，对于这种再正常不过的不确定性，没有安全感的人会很恐惧，觉得自己仍然没有依靠，就像一个找不到妈妈的孩子。

没有安全感的人，内心很可能有一个受过伤、没有长大的孩子。不发作的时候，一切风平浪静；一旦有风吹草动，这个孩子就会跳出来破坏亲密关系。他认为自己不能独立生活，只能依托对方，在需要对方的时候而对方不在，自己会感到特别无助。当依恋的对象不能满足自己的需求，就引发了这个孩子关于生命的恐惧。没有安全感的人很难建立起健康的关系，因为他的内心无法信任他人。

生活在怀疑中的人会将自己的痛苦转嫁给亲密关系的另一方，也许会指桑骂槐，也许会借机发作，不同的人会有不一样的转嫁方式。但结果都是一样的，就是令对方难过，令对方也体验到关系破裂的无助与恐惧。"让你成为我，你才能真正懂我"，这样的关系令人窒息。所以，请记住并相信这句话：**你可以走出有选择却无力选择的心理困境，拥抱人生的更多可能。**

心里的刺——伤人伤己的不安全感

安全感是怎么缺失的？我们所有对安全感的认知，主要源于小时候的经历——三岁之前和妈妈（主要抚养者）的互动。孩子三岁之前的生活，完全依赖他人照顾。刚出生的孩子连翻身都做不到，随时都需要妈妈的照顾，否则根本无法生存。一岁半之前的孩子甚至认为自己和妈妈是同一个人，心理学上把这个时期称为"母婴共生期"。这个时期的孩子"无所不能"，他们用哭声控制母亲，不同的哭声代表不同的意义。

据不完全统计，婴儿的哭声多达一百多种，全心全意的养育者能够区分出婴儿不同的哭声所代表的不同的需求。妈妈在这个阶段对孩子的照顾质量直接决定了孩子对世界的认知。当孩子需要妈妈的时候，妈妈给予及时的回应：饿了叫妈妈，妈妈给吃的；渴了叫妈妈，妈妈给喝的；不舒服了、疼了、怕了，只要一哭，妈妈就用爱来回应他。在成千上万次的重复之后，孩子对世界的认知是：我是被爱的，我是无所不能的。因为妈妈对孩子有求必应，所以孩子认为世界是安全的。这种方式养育出来的孩子，安全感基础扎实，生命的安全感大厦也初步建成。与此相反，不安全型的依恋源自孩子在母婴共生期的需求没有得到养育者及时、有效的回应。

回避型依恋模式的孩子需要妈妈的时候，连续叫几声"妈妈"都没有得到回应，孩子就不会再叫了，也不会再相信了。他会从情感中抽离出来，躲在自己的世界里，不愿意再出来。也许在开始的时候，妈妈没有回应，孩子还是会拼命地叫，因为孩子没有妈妈活不下去，所以孩子非常执着，不愿妥协。随着失望的次数增加，孩子就会觉得自己不值得被爱，认为自己是不重要的。这样的孩子，对世界、对他人，会有一种压抑的愤怒和恨意，长大之后，他也可能忽视自己的伴侣。由于小时候不被妈妈重视，他不得不用情感隔离的方式来保护自己。小时候看不到妈妈，长大了就看不到爱人。在孤儿院里，很多孩子独自躲在角落里玩，不理会他人，这就是情感抽离的表现。

另外一种是矛盾型依恋，这种依恋模式是怎么形成的呢？孩子第一次叫妈妈，妈妈没有来；第二次叫妈妈，妈妈来了；第三次，妈妈没有来；第四次，妈妈过来看了一眼就走了。这样，这个孩子就会很焦虑，不知道自己到底有没有人理，他会变得更加抓狂。妈妈一会儿来，一会儿不来，孩子心里没底，不知道自己是否可以获得妈妈的爱。

妈妈没回应的时候，孩子拼命地喊，希望这样可以让妈妈看自己一眼，这样的孩子长大了，进入亲密关系后，有可能变得很"作"。他无法确定自己可以完整地拥有一份爱，认为伴侣的爱是随机的，自己可能被爱，也可能不被爱，他会感到不安，无法彻底信任伴侣。为了增加确定性和可得性，他会用很大的力气来确认对方是否爱自己。他认为"作"一下，还能得到一点爱；不"作"的话，就什么都得不到了。

另外，如果孩子还小，妈妈（主要抚养者）的情绪不稳定，动不动就发火，孩子长大之后也会特别没有安全感，因为妈妈直接影响了孩子的情绪体验。妈妈动不动就发脾气，孩子就好像走在埋了地雷的路上，不知道什么时候就会踩到地雷，总是要小心翼翼的，生怕惹到妈妈。如果父母的关系不好，动不动就吵着要离婚，孩子也会没有安全感。父母离婚对孩子的世界来说是一种撕裂，七岁以下的孩子不能理解父母为什么要分开，会产生一种世界将要崩塌的感觉。

还有一种情况：如果妈妈事无巨细地一手包办孩子的事情，孩子长大之后也会特别没有安全感，因为过度保护限制了孩子的发展，更限制了孩子对周围世界的探索。有的孩子四五岁就学习骑单车，也有的孩子直到八九岁也不敢尝试骑单车。过度保护有可能让孩子在进入社会之后什么都不敢尝试，同样也会缺乏安全感。

童年时期的心理创伤基本可以分为四种，分别是被遗弃、被虐待、被忽视和被过度保护。如果你的创伤没有复原，伤疤就会在经历类似场景的时候被重新揭开，你也会特别没有安全感。你不知道自己为什么会有如此强烈的反应，又无法控制自己，强烈的挫败感吞噬着你，让你非常痛苦。

一段关系的结束有很多原因，缺乏安全感便是很重要的一个原因。当一个人认为对方的爱是不确定的时候，他就会用各种各样的行为来增加确定性，比如"夺命连环call"。持续用这样的方式验证，有些像孩子在害怕的时候不停地找妈妈。

有的来访者对我说，如果伴侣因为开会而没有接她的电话，她就会感到恐慌，然后继续给对方打电话，直到对方接听为止。也有的来访者说自己不能独处，只要伴侣不在身边，她就会产生各种猜测，想知道对方在哪里或是正在做什么。还有的来访者会不断地考验伴侣，比如：下雨的时候非要让对方来接，不然就是不爱自己；深夜时对方必须随叫随到，不然也是不爱自己。这样的行为会让彼此的关系充满火药味，经过一段时间的相处，伴侣会因为不堪重负，只能选择抽身离开。

缺乏安全感的人为了增加自己的掌控感，有可能将自己变成控制型的爱人，比如经常查看对方的手机、时刻想要掌握对方的行踪，甚至做出更过分的事情。

我接待过一位来访者，她的丈夫是一位很成功的职业经理人，平时喜欢健身，身材保持得很好，她因为担心丈夫出轨而

第三章 寻回丢失的安全感，接纳自己无法全然掌控的人生

有过很多过分的举动。夫妻俩的日常对话也基本围绕她的安全感展开，比如"你什么时候和谁一起吃饭了"或是"你昨天怎么那么晚才回来"等问题。丈夫逐渐对此感到厌烦，两个人的关系遭遇了危机。

在之后的咨询中，我逐渐了解到，她的父母有三个孩子，而她是长女。父母无法照顾好三个孩子，于是她在五岁的时候被送到了小姨家，由小姨来抚养。她经常在晚上感到孤单和害怕，渴望回到父母身边，但她知道"父母不要自己"了，自己已经被"抛弃"了。这是典型的被遗弃创伤。也因为童年的经历，她才会那么不放心自己的丈夫，担心再度被抛弃。

我还接待过另一位相似的来访者。这位来访者的父母在她童年时就离婚了，她从小就被送去了寄宿学校，长大之后，她和一个很优秀的男人结了婚，但她对这段感情一直缺乏安全感，因为对方很优秀，结婚之前也不乏追求者。她在结婚之后要求对方把银行卡都交给她，如果需要用钱，得先向她说明情况。她觉得只要对方手里没钱，就没有出轨的可能，自己也才有安全感。她的丈夫答应了这个要求，但久而久之，还是因为

受不了选择了离婚。

从上述的案例中可以发现：在关系中，只要你觉得这个人不安全，就是给双方的关系埋下地雷，迟早会摧毁两个人的关系。因为你有一个不好的念头——他不安全，他会抛弃我。你的所有行为都会基于这点去发展，你没有在经营关系，而是在消耗关系，让关系变得紧张，也让双方变得焦虑。想要解决这个问题，你需要治愈心里受伤的那个孩子，重新建立与世界、与他人、与自己的关系。

世界上没有相同的生活，只有觉醒之后的生活。你要看见缺乏安全感的自己，然后治愈自己。

大方承认自己没有安全感也可以是很酷的

正视问题是解决问题的第一步，承认自己没有安全感，然后再给自己建立一个具有安全感的小世界。在这个小世界里，你可以感到足够自在和松弛，完全屏蔽外界对自己的干扰。真正的安全感无法外求，只能向内寻找。**一个安全感满满的人，内心有足够的力量面对周围的一切，懂得爱人，也懂得自爱，可以保护自己，也可以保护在乎的人。**那么，建立这样一个小世界，需要从哪几个方面开始呢？

1.增加情绪容纳力

如果我们把一个人的情绪容纳力比作装水的容器，有的人

是一个碟子，承受不了变化带来的风险；有的人则像是水桶，可以承担一部分，但终究有限；还有一些人，他们海纳百川，有足够的容纳力面对事情的变化和发展，不会停下迈向未来的脚步。对这样的人来说，世界是开阔的，未来也是无限的。所以，我们需要让自己有更强的情绪容纳力，而不是用本能和感觉与世界对话。

没有安全感不是你的错，但解决这个问题的关键仍然在你。控制别人或者要求别人做到让你满意的程度，并不能让你获得安全感，你需要依靠真正的成长。当你做到的时候，就好像整个世界都在拥抱你。那么，我们应该怎么做呢？

首先，你要尝试接纳别人的情绪，成为一个积极的倾听者；然后学会缓解自己的情绪，让坏情绪从自己的身体里流过去。可以练习一下正念冥想，我在前文中也提过，冥想可以有效提高人的情绪管理能力。通过这样的方式，锻炼自己接纳情绪的能力。还有很多方法，健身、钓鱼、学习一项新技能等，这些都是可以的。在这些方法中，能让你坚持下去的就是好办法。你不需要和别人一样，需要的是问问自己的内心，怎么做才会让你心生欢喜，并且持续地做下去。请记得，让它融入你的血液并成为生命的一部分，这也意味着你正在爱着自己。

2.提高情绪转化力

每个人都有情绪，我们要在自己和别人的情绪中看到内在的需求和渴望，包括你的伴侣。当他遇到挫折，比如被老板批评或是工作一时没有进展的时候，你要从他的愤怒、焦虑中看到背后的需求：他是不是正渴望你的关心？看到他真正的需要，然后给予支持，转化他的情绪。如果你的伴侣正在发脾气，你可以看到他愤怒背后的那个受伤无助的孩子，而你被挑起的愤怒就可以转化为同理心，然后理解他。你将是最懂他的人，彼此同频的感觉会温暖伴侣的内心，让他不再害怕生活中遇到的困难，也有勇气面对未知的挑战。同样，当你自己遇到挫折时，也要知道自己究竟是为什么难过，是因为挫折，还是因为自尊心受损。

从事心理咨询的这些年，我发现很多人身上都存在一个问题，就是自尊心越强，经营关系的能力越差。我们说自尊水平

在一个正常范围（40～70分）里是比较健康的，自尊水平过高（高于70分）或是过低（低于40分）都是不健康的。自尊水平过高的人特别敏感，遇事容易上纲上线，与人交往的过程中，如果动不动就上升到尊严问题是很难经营好关系的；自尊水平过低的人则无法保护好自己，也很难勇敢地追求幸福。恰到好处的自尊能够让人更好地生活，既不会敏感多疑，也不会随波逐流。

一个人的认知决定了他对事物的理解，也决定了他看到的世界，而看到的世界又反向强化了认知。所以，每一个人眼中的世界都是不一样的。自尊心太强的人，容易感觉自己被践踏，于是奋起反抗，从而影响和他人的关系。希望你不要因为自尊心过强而失去获得爱的能力，也不要认为爱自己就是完全不依靠他人，这种否定一切的想法，不是真的强大，也不是真的爱自己。

真正强大的人可以承认自己的脆弱，承认自己需要爱和关心，并且愿意为之付出努力。他们在生活中会理解和包容伴侣，在某些特定的时候会做出让步，维护伴侣的自尊心，更好地拉近彼此的距离。

3. 从受害者的角色走向责任者的角色

我们总是觉得只有别人才可以给自己安全感，其实这是认知上的误区。你可能把自己当成了孩子或是物品，和对方变成了从属关系，认为自己随时会被抛弃。但每个人都是独立的个体，你和其他人之间其实都是平等的。**成年人之间的关系是互相选择的，不存在谁抛弃谁。你依靠其他人获得安全感，其实是放弃了自己的责任。**

安全感不能从其他人身上获得，因为存在变化的可能，就像一个人对你很好，但是从某一天开始，他对你不再像原来那样，你很受伤，但不得不接受对方也有选择的权利。爱或不爱是对方的事情，选择怎样生活才是自己的事情。"红入桃花嫩，青归柳叶新"，游人是欣赏桃花的美丽还是赞美柳叶的生机，都是游人的自由。无论怎样选择，都无损于桃花与柳叶自身的蓬勃。我们永远都有选择的权利，你也要尊重对方的选择，即使这个选择会令你感到难过。

有人说："我付出了全部感情，他就应该爱我一生一世。"这种想法本身就带着控制和约束，而且你也只是在当时有这样的想法，因为人都是会变的。这个世界唯一不变的就是变化。从今天起，请你从受害者向责任者转变，不要把情绪的遥控器交给别人。如果你觉得对方需要时刻想着自己，其实也意味着你没有对自己负责。

从现在开始，你需要对自己的情绪负责，也需要对自己的想法负责。对方无论在哪里、做什么事情都要向你汇报，这是你的期待，因为你没有安全感。但那不是对方的错，也不是你的错。不是每件事出现问题都需要有一个人承担责任，从积极的心理角度出发，你需要的不是追究责任，而是要找到让自己幸福的方法。

当你缺少某种心理营养，就要懂得开始补偿自己。我们一生中有机会认识很多人，有些人会留在我们的身边，更多的人则与我们擦肩而过，我们应该学会对自己负责，而不是不遗余力地寻找他人来负责。

4.给自己补充心理营养

无论是心理营养还是生理营养,我们在小时候是无法自给自足的,需要依靠父母的给予。长大之后,你可以开始依靠自己,而不是其他人。**当你在关系中遇到问题,需要依靠自己来解决的时候,这也意味着你正在掌控自己的人生。**"芙蓉生在秋江上,不向东风怨未开。"你就像生长在秋江上的芙蓉,不再抱怨为何自己没在春风中绽放。当你不再抱怨和指责的时候,就意味着自己可以从容面对生活,也可以欣赏自己的美丽。

在给自己补充心理营养之前,你要先知道自己缺少的是什么。如果父母从来不会称赞你,那你缺少的就是认可;如果父母疏于照顾你,那你缺少的就是陪伴。有人觉得自己缺少所有的心理营养,其实也没关系,慢慢来,也许只是原来的方式有问题。以自信来说,一个缺乏自信的人,也会因此不断努力,用进步来激励自己。为什么有的人可以非常自律和努力,最终成就自己呢?因为他们清楚自己缺少的是什么,却没有形成阻

碍，反而让自己不断创造价值，实现自我蜕变。

以我自己来说，我原来也是一个没有自信的人，后来选择用知识武装自己，取得了两个硕士学位，成为一名从事心理咨询的专业人士。相信我，你也可以做到。

5.把生活的重心放在自己身上，致力于发展爱自己的能力

我们每个人在二十五岁之后都有能力改变自己，并且学会爱自己。心理学家阿德勒说："人只有彻底了解自己，才有能力面对困境并培养自信。唯有自信，才能克服自卑。"当你做到心理营养的自给自足，你就可以勇敢而独立地生活。离开任何人，你都可以生活得很好。**比起他人的认可，更重要的是成全自己的期待。**请你一定要好好生活，因为这世间的温柔一直都在。如果有时间，可以看看阿德勒的《自卑与超越》，你将在书中汲取到不断向上的力量。

从今天开始，你不用再羡慕其他人，因为每个人或多或少都在某个方面存在缺失。你要行动起来。缺少认可，就自己肯

定自己；缺少自信，就经常夸奖自己；缺少关爱，就对自己好一点。

在这里和大家分享一个治愈内在小孩的练习，不一定马上就能学会，但只要持续做下去，就一定能有所收获。首先，你需要一个安静的空间，确保自己不会被打扰，然后用手机或电脑播放冥想的音乐或是大自然的音乐。当音乐响起，把所有的注意力都放在呼吸上，静坐十分钟或十五分钟。开始的时候，你只专注于呼吸，让自己平静下来，增加一点想象力，去看看内在小孩，也就是小时候的自己。看看那是几岁的自己，长头发还是短头发，穿着什么样的衣服，越具体越好。如果你在小时候缺乏父母的关爱，你的内在是哭泣的小孩，就安慰一下他；如果你在小时候受到过父母的不公平的对待，你的内在是委屈的小孩，那么就给予理解和支持。用这样的方式，慢慢找回自己的安全感。

最后，你要去尝试那些想做而不敢做的事情，即使害怕也要做下去，一点一点地积累成功经验，让自己变得自信起来，慢慢增加安全感。内心强大的人才会更有安全感，而强大在于

一次次的尝试和进步,从成功的经验中获取自信。当你开始努力,生活对你的馈赠也将开始。

自出生起,每个人都在为长大离家之后的独自前行做准备。当你明白我们的一生不属于其他人,其他人也不属于我们的时候,你就会知道安全感和外界无关,它是来自内心的。树上的鸟并不会害怕树枝折断而让自己掉在地上,因为相信的从来不是树枝,而是自己的翅膀。

你如日出一样清新,世界将和你一起苏醒。

第四章
看见自己的需求,关系是"我"与"我们"的平衡

讨好是关系中最难走的路

很多人总是问我："为什么我拼命对一个人好，却越来越不被珍惜？为什么越是希望被人喜欢，却越来越不被接受？"这种情况其实属于人际关系中的过度付出，我们接下来就分析一下过度付出的心理动机。

过度付出实际上是一种讨好的行为。**因为小时候没有被无条件地爱过，就会以为被爱是需要东西去置换的。以为通过对别人好的方式就能换来别人的同等对待，其实是缺乏被爱的信心。**

我们可以想象一下这样的画面：一个人单膝跪在地上，双手举过头顶，向人讨要的是爱和关心。在这样的场景里，我们

看不见自己的女性

可以看出讨好者的第一个姿态——卑微。讨好者的感受都来自对方的感受,自己因为对方开心而开心,因为对方不开心而觉得是自己的错,自己要做很多事情让对方开心起来。讨好者在任何关系里都只看得到对方,而看不见自己。

讨好者的第二个姿态是自责。无论哪种关系,只要出现问题,讨好者就会在自己身上找原因,觉得是自己不够好、自己没有让对方满意等。其实,每个人都有一定程度的讨好倾向,但讨好者的问题就是过于在乎对方而忽视自己。对方的情绪就是"天气预报":他开心,自己的世界才会灿烂;他不开心,自己的世界就变得乌云密布。这对关系的发展并没有好处,反而会给关系埋下隐患。"天上浮云如白衣,斯须改变如苍狗。"我们身边的一切都在不停变化,亲密关系更是随时都处在外界和自身情绪的变化之中。所以,讨好也许能让对方暂时开心,却是不可持续的,有时换来的甚至是反感。

那些小时候经常要看父母脸色的孩子,长大之后很容易变成讨好者。比如妈妈下班回来,如果心情好,你就可以看电视,随便玩什么都行,她也会把你抱在怀里亲吻;如果妈妈不开心，她就会吼你，甚至骂你。妈妈的心情决定你的心情，长大之后的你就很容易将这种互动模式带到亲密关系之中。

年龄太小的孩子是不懂得看人人的脸色的，有需要的时候就会哭闹，如果换来的是妈妈的惩罚，孩子就可能选择服从。比如孩子想在睡觉前吃颗糖，妈妈不同意，于是他就开始哭，结果妈妈不仅没有理会，反而发了脾气。这个孩子慢慢就学会了察言观色，按照妈妈喜欢的样子去做，讨妈妈的欢心。当然，睡前吃东西对牙齿不好，妈妈并没有做错，但在孩子的眼里，自己以后只会考虑妈妈是否喜欢，不会再轻易表达自己的想法。

孩子以妈妈是否开心为出发点来调整自己的行为，久而久之，孩子的自体就会被妈妈的存在所掩盖。这样的孩子会戴着人格面具生活，体会不到真实的自我感受。这种身体与心理不一致的生活方式，会成为孩子未来生活的最大隐患。因为在真正的亲密关系中，双方需要触及彼此真实的内心以产生深度连接。这样的孩子长大后，他的内在是不真实的，需要外在的反馈来确定自己的存在，反复试探和求证变成他们在关系中不断上演的剧本。

还有那些被父母嫌弃的孩子，比如在重男轻女的家庭里长大的孩子，父母认为女儿长大之后就会变成泼出去的水，父母会说："我不指望你，我只指望儿子给我养老。"于是，这个女儿做什么都不对，做什么都得不到父母的爱和认同，她就会产生一种想法——乖乖听话，认为自己只有对爸爸和妈妈好、对弟弟好、帮忙做家务、学习很努力才会有好日子过。在被父母嫌弃、不被重视的家庭里长大的孩子，他们更容易变成讨好者，因为不讨好就没办法生存。某些精英女性被称为"扶弟魔"，其原因就在于原生家庭中的重男轻女。

还有一种父母，脾气暴躁，性格非常强势，动不动就责备孩子。在这种家庭里长大的孩子也很容易形成讨好型人格。很多孩子其实都有一个本领，就是懂得看父母的脸色，做什么事会惹父母不高兴，做什么又会换来责罚，孩子其实都懂。如果父母是我说的那种脾气暴躁的家长，那除了做一个乖乖仔讨好父母，他其实别无选择。

孩子对父母有一种天生的忠诚感。如果父母的脸色不好或是吵架，孩子总觉得是自己有什么地方没做好才造成的，他会尽量不给父母添堵，让他们开心。在原生家庭中感受不到温暖的人会有一种忧患意识，这是趋利避害下的选择，和成长环境息息相关。

在原生家庭里和父母的互动模式，是亲密关系的雏形。当一个人身处亲密关系之中，他会很自然地调出熟悉的互动模式。一个小时候讨好父母的孩子，长大之后的心理模式会发展为：只有对方满意，自己才是安全的；只有对方觉得自己好，自己才算好；只有付出很多，对方才会觉得自己是重要的；如果对方不开心，自己就会被抛弃。正因如此，这样的人非常没有安全感，害怕被否定，尽量满足对方以获得认可。

我接待过很多具有讨好型人格的来访者。有的人会因为伴侣回家不说话而从自身找原因，觉得自己有什么事情没做好而让对方生气了，然后不知所措。也许是对方感觉很累，或者工作压力比较大，才会暂时不想说话。在这样的时候，越是想要讨好对方，让对方高兴起来，越是适得其反。

很多人问我："韦珊老师，我对对方很好，也愿意在关系里付出，难道不会让对方给我更高的分数吗？不是付出得越

多，越会被人喜欢和认可吗？"对于这样的问题，我们首先要了解一个人自发地对别人好和故意讨好别人的区别。一位母亲对孩子那种不求回报的好是发自内心的，心理学中有个浪漫的表达——不含诱惑的深情，而讨好的背后则代表一种期望——希望你像我对你一样对我好。

讨好者需要通过对别人好来证明自己的好，让别人幸福之后才能让自己感到幸福。比如"我为你做了这么多，所以你要做得更多来回报我"，实际上，这是一种索爱的表现。从某种程度上说，讨好者对别人好，是为了获取支配对方的资本。我们可能听过"我全心全意地照顾你，你怎么能对我不好呢"或是"你怎么就不能每天给我打很多次电话呢"之类的话，但这样的"对你好"其实成了一个圈套。被讨好的人会感到不舒服，也会感到被控制的压力，想要逃离这样的关系。

在一般的人际关系中，讨好者的这种心理很容易被人看穿，之后被利用。就像我的一位来访者，她在刚入职一家新公司的时候，对每个人都很好，早上给大家买早餐，下午帮忙买咖啡，只要是用得着她的地方，她从不推托。结果，她连试用期都没过,因为她只顾着帮别人,并没有做好自己的本职工作。那些"使唤"她的同事,没有一个人对她有很高的评价,因为同事都很清楚她这样做的原因。我的另外一位女性来访者也有同样的问题。她对自己的丈夫特别好,几乎是有求必应。即使在对方没有需求的时候,她也会处处讨好,结果不仅把自己弄得很累,也让丈夫感到不舒服。

为什么对一个人好会变成想要控制对方呢?我再举个例子就清楚了。一个人想约自己的朋友出来聊天,结果朋友说:"今天不行,妻子刚把家里彻底打扫了一遍。明天吧。"你听明白他的话了吗?他实际上说的是"妻子今天做了很多事,如果今天出去,她会觉得我不领情"。其实,很多讨好者的付出都有一种"你要按照我的想法来,否则就是对不起我"的心态。一旦关系里有这种控制欲在发酵,就很难健康地发展。所以,讨好者自己以为的好,其实包含了很多看不见的不满和愤怒,这样下去的结果就是让自己变成抱怨和指责对方的角色。**讨好在关系中并不能让人得到想要的东西,不要因为给别人撑伞而淋湿自己。**那么,我们要怎么做才能改变这种状况呢?

给自己的礼物——不再讨好

讨好者想要改变自己，需要认清一个现实：小时候的你需要做到让父母满意的程度来获得爱，那是因为你无法自给自足。而长大之后的你不再需要这种方式，你可以肯定自己，把对别人的好转给自己，从而改变自己。接下来，我会列出具体的方法。

1. 自我觉察

当你出现讨好的意识和行为时，要注意提醒自己，但是有一个问题——什么才算是讨好？有一个判断依据是，你有没有为了满足对方而委屈自己。举一个简单的例子：有一天，你的丈夫回家，因为天气太热，把空调调到了十八摄氏度，而你受不了这么低的温度，冷得直打哆嗦。你没有和对方开口，而是穿上了厚外套。这种程度的成全，其实就意味着讨好。

2.真实表达自己的感受

就拿上文中的例子来说，你可以和对方讲："把温度调到这么低，我会感冒的。你刚出了一身汗，这么吹空调也很容易生病。"表达自己的真实感受不仅可以让对方准确理解你的意思，也可以不用委屈自己，一段关系的良性发展也取决于此。在任何关系里，双方的感受都同等重要，无论是只考虑对方，还是只考虑自己，对这段关系都没有好处。

再说一个例子：有一对双职工的夫妻，妻子每天接送孩子，回家之后还要做饭，丈夫却从来不帮忙，这样公平吗？对妻子来说，当然有失公平。如果妻子是一个讨好者，她会压抑这部分的需求，选择埋头苦干，但是她压抑的情绪是有诉求的——"我做了这么多，既要工作赚钱，又要做饭和照顾孩子，你应该更爱我，应该百分百地对我忠诚"。当妻子有了这个想法，

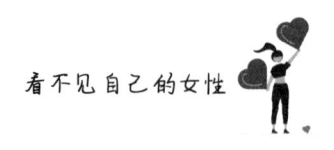

她就会开始关注丈夫是不是不够爱自己，对自己是否忠诚。只要丈夫有一点儿让她看不顺眼的行为，就意味着对不起她。因为她觉得自己付出那么多，丈夫不可以违背她的想法。于是，这段关系里出现了控制——不许这样或那样，当然也会产生自由受限的问题。如果一个人在关系里感觉自己被对方控制，没有自由，那他一定想要逃离，这也是为什么说讨好会给关系带来隐患。在关系里，只有双方都表达真实的感受，才可以更好地了解彼此。

不讨好要考虑自己和对方的感受，还有环境的因素。在这个例子中，环境因素是什么呢？其实是夫妻双方都有工作，孩子需要接送，家务也需要有人做。如果想要公平，那么接送孩子和家务活就应该平分，夫妻关系也会变得更好。如果选择忍耐，总有一天会爆发冲突，给关系增加风险。

我们不能期待别人随时体察我们的情绪，沉默换不来别人的帮助，如果我们需要帮助，就要用语言表达出来。在关系中真实地表达自己，更好地理解彼此的需求，让良好的沟通成为常态，这才是亲密关系的健康经营之道。

关于真实表达自己的感受，我有一个故事跟大家分享。有一位女性来访者，中年，已婚，有一个幸福的家庭。她说自己和父母的联系已经越来越少了，因为她有很多委屈，却从来不敢和父母表达，也不会拒绝父母的一些不合理要求。这位来访者的父母重男轻女，重视弟弟而忽视她。长大之后，她努力工作，赚到钱之后，为了得到父母的认同，给父母买了一套房子。弟弟的事业发展得不好，一事无成，但父母在弟弟结婚的时候，把房子转给了弟弟。她的心里虽然一万个不愿意，感觉很受伤，也很委屈，但还是没有对父母说。弟弟的妻子生孩子，妈妈炖燕窝、煲鸡汤，尽心尽力地伺候，她听说之后更是伤心。她很想和妈妈说："我生孩子的时候，你都没给我炖鸡汤，我也很想喝你亲手炖的鸡汤啊！"

听到这里的时候，我想起电视剧《甄嬛传》中的一幕：太后临终时想见自己的小儿子，被雍正皇帝拒绝了。太后去世后，皇帝在母亲的床前委屈万分，哼起"快睡吧，好长大，长大把弓拉响"的儿歌。这首儿歌，母亲从来只唱给小儿子听，却从来没有给他唱过。即便贵为一国之君，他的内心深处还是

想要童年时期母亲的关心与爱护。因为这种匮乏，他敏感、多疑，算计身边的大臣与妃嫔，最终也没有得到自己想要的幸福。

　　回到我的这位来访者身上，她忍住了想对父母说的话，最后因为积压了太多委屈，和父母的联系越来越少，逐渐疏远。经过咨询，她意识到自己的问题，决定和父母勇敢地表达自己压抑多年的想法。她给父母打了两个多小时的电话，边说边哭，把所有的委屈都说了出来。说完之后，她整个人都轻松了，父母也给予了正面的回应。之后，她和父母的隔阂渐渐消失，关系也不再像以前一样疏远。当她坐在我面前，说着与家人相处的细节时，笑容满面，轻松且自在。

　　不要害怕说"不"之后会失去一段关系，如果失去，说明这段关系本身就不值得，而压抑自己真实的感受才会真正让你失去关系。因为人和人之间的关系是靠真诚维系的，失去真诚，关系也难以为继。

3.增强自信

一个人如果没有自信,遇到问题的时候就会先怀疑自己。所以,当你不确定错的是不是自己时,要学会从全局出发,整体思考。也就是说,你要从事件中抽离出来,以第三方的角度观察自己所处的位置,然后想一下自己是不是既考虑了自身和对方的利益,也考虑了环境因素,思考到底什么才是当下最好的选择。

"阴阳和而后雨泽降,夫妇和而后家道成。"你想要的理想关系和幸福生活,在你逐渐增强自信之后就会来到你的身边。我们不需要强迫自己改变,只要学会从不同的角度发现自身的亮点就好。尽力做好自己能做的事情,它会在你意想不到的时候带来惊喜。

4.讨好者要学习调整你的评价系统

很多讨好型的人都有一个问题:特别在乎别人对自己的评价。他们讨好家人、伴侣、同事,为的就是让对方觉得自己足

够好，从而得到认可。期待别人的正面评价是因为觉得自己不够好，这也是不够爱自己、不够自信的表现。

评价系统的第一层是，只有别人觉得我好的时候，我才是好的；别人觉得我不好，我就是不好的。在这一层的评价系统里，快乐与否都由别人决定：谁夸了自己，就感到开心；谁批评了自己，就感觉伤了自尊心。处在评价系统这一层的人属于讨好者，因为过于在意他人的评价而讨好。

这个世界上没有完美的人，自然也没有人可以永远被认可和夸奖。如果为了别人的认可而活，你就会非常累，也感受不到快乐和幸福。因为就算你再好，也会有人说你不好；你再漂亮，也会有人不同意；你再优秀，也会有人觉得你平庸。如果你的前半生属于别人，活在别人的看法里，那就把后半生还给自己，追随自己内心的声音吧。走自己的路，不必在乎别人的评价，让自己成为心灵的自由之王。

评价系统的第二层是，别人说我好不好并不重要，我觉得自己好就行了。身处这一层的人看起来好像摆脱了别人的评价，不会被别人的评价所左右，实际上，这样的人仍然在是非、对错和好坏里打转,因为逃不开自我的评价。讨好型的人对自己的评价很低,认为自己不够好、没有价值,容易陷入情绪的消耗之中。而自以为是的人和讨好型的人一样,同样需要一个稳定的"好"字。

如果逃不开自我的评价,你就会一直纠结好或不好、对或不对的问题。尤其是在亲密关系中讨论是非对错,即使对也是错。今天这件事情是我对,错的是你,看起来赢了的我其实也输了。因为只要有一个人是对的,那对方就是错的,错就等于输,今天输掉的,以后就要赢回来。两个人的关系会一直在这上面打转,伤害彼此的情感连接,而彼此在情感上的连接正是亲密关系的重要意义。也因为亲密关系有这样的作用,才会有那么多人愿意拼尽全力去拥有一个理想的伴侣。

人的内心深处是孤独,而亲密关系可以抵御孤独,感受与他人连接的温暖和幸福。当你懂得亲密关系的真正价值时,就不会那么在乎对错,因为争论本身会伤害双方。

自我评价系统的第三层是抛开是非对错,只谈感受。来到这一层级,好不好都不管了,对不对也不评判了,每个人的角

度不一样，结果自然也不一样。所以，我们来谈感受吧。如果你感到匮乏，应该如何帮助自己弥补这种匮乏感？没有力量，应该如何给自己力量？当我们在说好与坏的时候，其实就是在讲匮乏，表达的是情绪背后的需求。我们更应该专注于匮乏而不是只关注好坏，这样才能给予自己支持。在关系中，我们应该把关注点放在如何让双方满足上，这样才能让关系流动起来，也可以让关系正向发展。而评判好坏就是在比较和争论，我们需要跳出来。尼采在《善恶的彼岸》中说："与怪物战斗的人，应当小心自己不要成为怪物。当你远远凝视深渊时，深渊也在凝视你。"放在亲密关系中来说，一味地争论对错和好坏，很容易让人变成怪物，然后坠入深渊，我们应该注意这一点。

很多人问我："我只有在亲密关系里才会特别在乎对方的评价，在其他关系里就不会，为什么会这样呢？"这并不难理解，因为亲密关系是原生家庭关系的延伸。心理学家荣格有一句广为流传的名言："一个人毕其一生的努力，就是在整合他自童年时代起就已形成的性格。"如果你在原生家庭里缺少父母的认可，就想在亲密关系中得到弥补，因为伴侣的爱是最好的弥补。

其实我们和其他人的关系或多或少都会受到原生家庭的影响，你会发现在亲密关系中希望得到伴侣认可的人，在其他关系中也会有同样的期待，只是没有那么强烈。这也有我们会在其他关系中戴着面具做人的原因，而在亲密关系中则会展现真实的自己。

忠于自己的感受去对待他人，而不是被他人的目光束缚。寄希望于他人的爱终究是不够的，只有让自己内在丰沛充盈，才是最可靠的。在这里，我想借助荣格的话来结束这一章的讨论——"渴求自己吧，这就是道路。"

索取，指责和抱怨背后的真实心态

通常来说，那些容易生气的人都会表现出强势的一面，习惯指责和抱怨。如果你或你的伴侣是这样的人，看完这章，希望你们可以尝试理解自己和对方。当一个人在指责另一个人的时候，他通常是单手叉腰，另一只手指向对方，神色凌厉，看起来很强大的样子，说着自己的看法和感受，比如"你怎么可以这样""这件事应该这样办"或是"你是错的，你必须按我说的做"等。这样的人只看得见自己而完全忽视了对方，无论对方做什么，他都选择视而不见，注意力都放在"我想怎么样"和"我想让你怎么样"上，至于对方怎么想，根本就不重要。

指责抱怨型的人有一种"唯我独尊"的感觉,生活中常见的一些小事可以从侧面说明这一点,比如一个人对着天气抱怨道:"我今天打算去洗车,结果下雨了,气死我了!"他在抱怨天气打乱了自己的计划,没有按照自己的想法来。又比如,碰卜堵车的时候,有的人特别生气,他会抱怨道:"就要迟到了,还堵车,真是烦死了!"他在指责其他车不应该出现在这里,从而让自己陷入拥堵。

这些都算不上是大事,但背后透露出一种以自我为中心的态度,在心理学上被称为"全能自恋"。就是一个人觉得自己是神一样的存在,其他的人和事都要服务于自己的需要和安排,如果出现偏差,就会怒火万丈。这样的心理状态一般出现在婴儿时期,因为婴儿与母亲两位一体,母婴共生。一个人成年之后还表现出这样的"全能自恋",就是一种心理上的退行,是人格发展有待完善的一种表现。

抱怨是程度弱一点的指责,但表达的也是同样的内容,比如"你为什么迟到""你为什么不把碗洗干净"或者"你今天早上为什么没有带孩子去幼儿园"等。抱怨也是在表达"为什

么你没看到我的需求"或是"为什么你不按照我的需求来满足我"这样的意思。抱怨和指责一样，同样是一种没有被满足、不断索取的心理状态，只不过抱怨往往隐含两种意义：你不愿意满足我的需求，你没有能力满足我的需求。

于亲密关系而言，女性的抱怨往往会归结到一点——你不爱我。比如："为什么你不把碗洗干净？因为你不爱我，也不关心我。"这种抱怨在亲密关系中很常见，但这种抱怨背后隐藏的愿望往往指向的是爱——"我希望你可以按照我想要的方式来爱我"。

如果一个孩子的妈妈属于控制型，当孩子不听话的时候，妈妈就会吼道："你怎么这么不听话，把东西胡乱扔在地上！"脾气不好的妈妈没有耐心和孩子好好说话，于是就提高音量冲孩子吼叫。她觉得好好说话没用，只有大声吼叫才能让孩子听话，从中习得的经验是只有生气才可以满足自己的需求。妈妈在骂孩子的时候，也是在表达自己的感受和需求，比如"不要吵""快吃饭"或者"快睡觉"，但她只能看到自己的需求，却忽略了孩子的感受。妈妈没有去想孩子不听话的原因，也没有思考孩子行为背后的动机，只是想尽快解决眼前的问题，所以忽略了孩子的需求。当妈妈和孩子之间的互动充满了批评、指责和吼叫，有可能会让孩子也用同样的方式面对其他人。

妈妈在指责孩子的时候，眼里只有自己，长此以往，孩子的需求被忽略，他就会用哭闹的方式来表达自己的情绪。如果哭闹有效果，孩子之后也会继续用类似的方式。如果哭闹的方式没有奏效，孩子的行为就会升级，比如趴在地上不起来。如果这样的方式也不奏效，孩子甚至会说一些让妈妈难受的话，以达到自己的目的。

有一个来访者，她有个九岁的女儿，女儿发现她容易自责，于是有一次对她说："我觉得你不是一个好妈妈。我同学的妈妈就很好，总是陪她，还给她买东西，真希望她是我的妈妈。"女儿的话让妈妈感到愧疚。当妈妈对孩子产生愧疚感，孩子的需求就很容易被满足，因为孩子知道，这样说是有用的。

指责型的人就是这样习得用提高音量，升级情绪和行动的方式来满足自己的需求。长大之后，他们的行为模式与小时候

的如出一辙，认为好好说没有用，只有愤怒地表达情绪，声嘶力竭地表达才会让别人在意。每一个指责型的人背后可能都有一个忽略自己需求的人，这个人通常都是父母中的一个。父母是原件，孩子是复印件。

当一个人生气的时候，大脑里会发生什么呢？我们的大脑中有一个管理情绪的杏仁核，它直接调控情绪刺激伴随的神经反应。平时没事的时候，杏仁核就像一只看门的大狗，安静地趴在门口，而当人在生气或是感到压力的时候，杏仁核被激活，这只大狗像突然看到有人跑过来，于是起身狂吠，向你传递危险的信号。在突发情况下，杏仁核会"劫持"大脑。也就是说，大脑在你遇到紧急事件时，是无法进行理性思维的。人在感到外界存在危险的时候，大脑会直接进入"逃跑—战斗—僵化"模式，正如那只看门的大狗警觉地狂吠，同时做好了随时攻击的准备。

当你的杏仁核被激活，要如何让自己平静下来呢？你需要在那只大狗狂吠的时候走过去，摸摸它的头，让它坐下来，对它说："没事的，没人会伤害我，已经没事了。"我们处理情绪就是安慰这只保护自己的大狗，让它重新坐下来的过程。比如说当你坐飞机的时候，突然遇到颠簸，你的杏仁核被激活，然后会陷入惊恐。如果你在这个时候和恐惧对抗的话，只会更加痛苦。就像那只狗在狂吠，你却大声地呵斥它，它怎么会安静下来呢？

情绪的作用是传递信息，你只需要和自己的情绪对话，告诉它："我知道了，没事的。"你需要学会接纳情绪，这样才能让它从身体流过去，然后平静下来。那么，我们具体可以做什么呢？

首先，你要离开现场。在冲突的当下，杏仁核被激活，如果你可以迅速离开现场，就相当于给自己争取到平静下来的机会，避免情绪进一步升级。比如发生冲突的现场是客厅，你就可以去厨房倒一杯水或者去一下洗手间，给自己一点时间平静下来，重新审视当时的环境，理性分析后再决定。无论再强烈的情绪，离开现场，给自己三分钟的时间，效果会完全不一样。很多时候，改变就在这短短的几分钟，恶化也可能在这短短的几分钟。

匮乏感，让彼此消耗的元凶

习惯指责和抱怨的人会给别人一种被打压的感觉，时间久了，对方就会觉得自己在这段关系里毫无价值，尤其是男性，他们在这方面表现得更加敏感。比如妻子对丈夫抱怨道："这么多年，你怎么还是老样子？"这样的话会让丈夫觉得自己一无是处，自尊心受损之后就会反抗，然后爆发"家庭战争"。反抗的原因就是，当一个人无法证明自己的好，就只能证明对方的差，这样才会让自尊心好受一点。

心智成熟的人可以看到指责和抱怨的背后其实是一种没有力量的存在，因为感到无助，所以才用这样的方式来表达自己的需求。如果对方的内心足够强大，他不会和你争吵，也不会因为被指责而感到窘迫和羞愧，但不是所有人都能做到这样，更多的人会直接被你的话伤害，看不见你要表达的需求。为什么说喜欢指责和抱怨的人背后有一种无力感呢？很可能是因为从小习得的经验，父母看不到孩子的需求，让孩子有很多这种被忽略的体验，因为被忽略，所以没有安全感，然后用带有情绪的方式来表达自己的需求。

"你怎么每次用完东西都不放回原位？"这是一个指责抱怨型的人会说的话。我们来分析一下。每次都不把东西放回原位的概率有多大？不太可能次次如此，也许有一两次，也许更多，但指责抱怨型的人会用这种方式引起你的注意，真正想表达的其实是自己的需求被忽略了，自己整理好所有的东西，但对方连用完之后放回原位都做不到。他需要被尊重，也需要被认可。

再来听这句"屋子这么乱，怎么也不收拾一下"。这是一位丈夫对妻子的抱怨，他在表达什么呢？很多人听到的是"你说我不收拾屋子，你觉得我是个不合格的妻子"，但他其实是在说："我在外面工作这么累，回家看到这么乱的房间，我觉

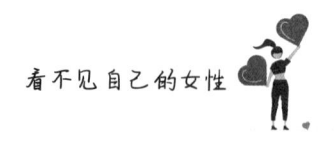

得你不心疼我，不够爱我。"有些话，当你认真听的时候才能听出对方真正的需求，而我们之前总是在理解字面的意思。如果听到的是"你说我不收拾房间就是嫌弃我，我做了这么多还被你嫌弃"，妻子感到委屈，内心觉得不公平，于是开始反抗。吵架就是这样开始的，关系也是这样恶化的，因为吵架的时候，双方会互相指责，而且一句比一句重。这是自尊心出于自我保护而发展出来的否认和投诉的防御机制，自己没有不好，是对方不好，应该是对方感到羞愧。

如果我们不能给自己安全感，填补自己的匮乏，就会在关系里消耗彼此。我们应该安抚自己的内心，不要一味地想着让别人理解和关心自己，而是要靠自己来了解自己的情绪，用正确的方式表达需求。

再给大家讲一个例子。一个刚工作的女孩，由于最近换了一个岗位，工作变得特别忙，很久都没有回家陪妈妈吃饭。终于等到一个不用加班的周末，她马上回家陪妈妈，结果一进门，妈妈就指着她穿的破洞牛仔裤，骂道："你怎么穿成这样？裤子破了这么个大洞，大腿都露出来了。这么大的姑娘，也不嫌害臊！"女儿听到很委屈，心想："我好不容易不用加班，没在家休息，反而来陪你吃饭，一进门就这样骂我，也不知道心疼我。"两个人就这样吵了起来。

吵架是因为那条破洞牛仔裤吗？当然不是。妈妈想表达的是"你那么久没回家，也不打个电话，是不是忘了我这个妈妈"，她担心女儿以后都会这样，情绪里有失望，也有焦虑。自己的女儿不回家陪自己吃饭，也不打个电话，她感到心寒，而这样的情绪都藏在了背后。妈妈真正想表达的是"你要经常回来看我，陪我吃饭，就算不回来，也要多打几个电话，不要让我担心"，但她积累了很多负面情绪，无法准确表达出来。有些人会觉得这很难猜，自己怎么知道对方想说什么呢？是的，这需要一个人拥有足够的人生阅历和体验，也要不断地学习，懂得情绪背后的需求，增强对情绪的理解和掌控。

情绪主要有两个功能：一个是传达信息，提醒你出现了问题，需要引起注意；另一个就是表达需求。知道背后的需求，就能真正理解对方的意思，然后才知道应该怎么做。

如果女儿可以听出妈妈背后的意思是希望她多回家，她的

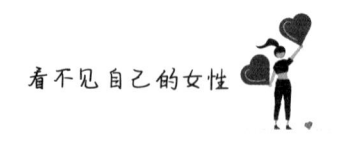

回答就会是"妈妈,对不起,我以后经常回来陪你吃饭,就算回不来也会多打电话"。生活中有很多类似的情况,这需要我们的智慧和经验,就算你感觉自己的努力总是徒劳无功,也不必怀疑自己,你每天都可以变得更好一点。

指责抱怨型的人很容易在关系里出现的另一个问题是越界而不自知。我的一位女性来访者,她交了一个男朋友,对方离异,而且有个孩子,不过孩子是由前妻照顾的。她的男朋友每次去看孩子,她都会非常生气,觉得这是对自己的不尊重。她把自己和男朋友的前妻、孩子放在了对立的位置,于是要求男朋友不再这样做。这就是明显的越界,她的男朋友也有父亲的身份和责任,既然选择了他,就要尊重这一点,不能出于维护女友权益而过度干涉对方。那么,应该如何判断自己是否越界了呢?

很简单,在一件事情里看谁是最终的责任人。如果对方是最终责任人,这就是对方的事情,你可以提意见,但不能提要求,让别人来满足你。以此类推,查行踪、查手机这种都属于越界的行为,而且侵犯隐私。

越界还有另一种表现，就是管得太多，这也很容易给关系制造问题。有的人不仅管伴侣，甚至连对方的家人也要管。请记得，你们是伴侣，应该分享生活，共度人生，但不要干涉对方所有的事情。我们要清楚自己的界限，也要清楚别人的界限，不能以爱之名或是因为缺少安全感就去触碰别人的界限。我们需要注意亲密关系中的越界行为，避免关系破裂的可能性。

让彼此疲于奔命，还是让关系得到滋养

1.尊重对方的边界和权利，把关系放在第一位

两个人在一起生活需要面对很多事情，原则就是在关系里发生的事情要把关系放在第一位，而不是只讲对错。关系里的所有事情，应该注意伤害和滋养的区别，伤害关系的事情就不要去做，这是经营关系的黄金法则。把关系放在第一位，就不要一味地分对错，你认为对的事情，对方也许会认为是错的，反过来也一样，看法不同是因为观点和角度有所不同。在关系里，争论对错的双方永远都在消耗关系，即使赢也是输，因为关系输了。

不知道你发现了没有：抱怨的人觉得自己永远是对的，认为自己付出了很多，出现任何问题都是对方的错。可是，真的是这样吗？抱怨的人真正想要的是伴侣的关心，期待对方可以看到自己的辛苦，只不过总是用长矛利剑攻击伴侣来索取爱，又怎么可能呢？在经营关系这件事上，我们不要做一味求对的那个人，而是要让两个人的关系健康发展。

在亲密关系里没有对错，更不需要争辩，双方都很清楚心里的"账目"，越争越有可能什么都得不到。有时候，撒娇可以成为一个撒手锏，因为撒娇表现的是温柔，而抱怨表现的则是攻击。被温柔对待的伴侣往往也会回馈温柔。

2.遵守经营关系的黄金法则

经营关系的黄金法则就是，把关系放在第一位，把对方的需求放在第二位，把自己的需求放在第三位，不要只讲对错，而是把重点放在感受上。比如，你的丈夫下班回家板着脸，如果你要争对错，你会马上发火说："你上班辛苦，我也辛苦，回来就摆张臭脸，我惹你了？"于是，两个人大吵一架，因为

你认为他是错的,希望他改变。

如果把关系放第一位,你就要学会把关注点放在感受上。你要弄清楚他今天为什么这样,如果他平时不这样,肯定是发生了什么事情。你可以说:"今天发生什么事情了吗?我从来没见过你这么生气,我可以帮你吗?心情不好,我先倒杯水给你。"这样既能引导他表达感受,又能让他感到你的关心和爱意。

我们不是想在关系里做一个提供情绪价值的人吗?如果连这个都做不到,又如何提供情绪价值呢?无论发生什么事情,你习惯性地想要争论对错,两个人就会吵架,然后在吵架中不断消耗彼此。

亲密关系不需要分出一个对错,因为它是"杀敌一千,自损八百"的关系。你想证明对方是错的,这本身也是错的,因为证明你对不是目的,你的目的应该是让伴侣对你更加关心。可是,当你用言语让对方避无可避的时候,对方也有了情绪,不会心平气和地沟通。唇枪舌剑之下,彼此都会体无完肤。

3.做到一致性沟通

指责抱怨型的人发火通常是因为自己的需求没有被看见，所以要用指责的方式来表达。阿德勒说："以嫉妒心支配别人，对方早晚会离你而去，理性的沟通才是正确双赢的做法。"其实，想用指责和抱怨的方式支配别人，也会适得其反。

举个例子：一对夫妻，丈夫最近一个月每天都在加班，妻子不能接受，如果她是指责抱怨型的人，她会说："你天天加班，心里还有没有这个家？你想让我过这种丧偶式的生活吗？"话里除了自己的感受，都是在说丈夫的错，指责对方看不到自己的委屈，希望他可以马上改。正如我们听过的那句话：为了让对方遵从自己的意愿和期望，人们创造和利用了名为愤怒的情绪。如果不想伤害关系，应该用直接和真诚的方式表达需求，而不是通过证明对方的错误来满足需求。拿这个例子来说，如果采用一致性的沟通方式，妻子会说："你这段时间都在加班，我每天下班要给孩子做饭，然后等你到半夜，什

么时候才能忙完呢？"妻子想表达的其实是"我需要你"，这样说就可以很好地表达出自己的需求，而且不需要指责和抱怨。

  你希望伴侣改变，就要证明他是错的，只有他知道错了，才会改变。这是一种很常见的误区。当你说他是错的，他会奋起反抗，因为你让他觉得自己很差。没有人愿意接受这样的指责，只有少数人才会看到你指责背后的需求。所以，我们应该如实表达自己的需求，关注对方的感受，不要试图让对方承认自己是错的，这样才能让彼此的关系越变越好。**花会沿途盛开，人生下一程的风景当然更值得期待。**

第五章
摆脱低自尊：你眼里有整个世界，也有自己

低自尊者的人生是如何崩溃的

弗洛伊德说："精神健康的人总是努力地工作和爱人，只要能做到这两件事，其他的事就没有什么困难。"工作和爱人是两件不同的事情，在不同的范畴内，我们要遵循不同的规则。童年时没有得到足够重视的人，他们的自我评价过低，限制了爱自己和爱别人的能力，这会让人际关系，尤其是亲密关系出现很多问题。需要注意的是，一个人的自尊水平和自身能力并没有直接关系。我们在生活中可以看到，明明一些人的能力很强，但人际关系和情感生活却非常糟糕。

我接触过很多低自尊的人，他们普遍缺乏自我配得感。有的人工作能力强，长相和气质出众，性格也很好，却始终无法

认可自己的价值；还有的人独立、坚强、有个性，但在与人相处时攻击性很强。低自尊的人未必不知道自身的问题，但如果自尊心受损，他们顾不了那么多。因为他们看不起自己，总是认为别人也看不起自己，感觉别人贬低自己时，他们会奋起反抗，拼上性命也要保护自己的尊严。想要解决这个问题，我们需要先了解自己，看懂过去的经历给自己带来的影响，开始人生的新篇章。

在弄清低自尊之前，我们先要了解什么是自尊。我们可以将它视为我们看待自己的方式、对自己的总体看法以及赋予自身的价值。再简单一点说就是，你认为自己是否值得，以及有多值得。自尊包括几个方面的内容，分别是自爱、自我观以及自信。

1. 自爱是自尊的基础

虽然你知道自己存在缺点和不足，但总体上你是爱自己的。这种对自己的爱不取决于自己好不好、优秀不优秀，它是超越条件的爱。苏格拉底说："你自己就是座金矿，关键是看如何发掘和重用自己。"自爱的人相信自己就是一座金矿，即便遇到困难，依然相信自己可以重新站起来。是的，那些杀不死你的，最终都会让你变得更强大。

那些越挫越勇的人都是高自尊的人，他们有披荆斩棘的勇气，不会害怕困难，坚信自己值得拥有幸福和成功。于是，他们一次又一次地冲破乌云，直至看到光明。而低自尊的人自爱的程度相对低，遇到困难要么怨天尤人，要么自怨自艾，裹足不前。

2.自我观是自尊的主要组成部分，是看待自己的目光

你如何看待自己，对自己的优缺点又是如何评价的呢？心理学家萨提亚提出过"冰山理论"，指的是一个人的自我就像是一座冰山，我们能看到的只是表面上很小的一部分，更大的一部分却藏得很深，不为人所见，包括行为、应对方式、感受、观点、期待、渴望和自我。冰山的第一层是"我怎么做"，最深处是"我是谁"。我们表层的行动其实是由内心最深处的"我是谁"来决定的，也就是心理学上常说的自我认

同感。

金无足赤，人无完人。每个人都有缺点，高自尊的人可以正确看待自己的缺点，低自尊的人却无法忍受自己的某个缺点，想起来就会感到自卑，抬不起头。如果一个人对自己的评价和期待是正向的，那他就会有一种内在的力量。所谓"心随朗月高，志与秋霜洁"，他们可以经受挫折和考验，从而达到更高的目标。

3. 自尊的最后部分是自信

自信是相对于行动而言的，有自信的人就有能力在重要的场合抓住时机，敢于行动，达到"好风凭借力，送我上青云"的目的。他们的志与才旗鼓相当，行与谋相得益彰。而不自信的人在应该表现的时候可能会直接放弃表现自己的机会。然后在独处时痛心疾首，对自己批判一番。人生最遗憾的事情莫过于轻易放弃不该放弃的，固执地坚持不该坚持的。有自信的人不会轻易就打退堂鼓，抓住机会就会表现自己，也不害怕未知的挫折，就像海明威笔下的桑提亚哥，经历九死一生，成为世人心中力量的象征。

那么，低自尊的人都有哪些表现呢？

（1）频繁地自我攻击

如果他们做的事情没有达到预期或是效果不甚理想，就算其他人没有责怪，自己也会无比内疚，在心里不断否定自己。低自尊的人通常会对自己说很多消极的话，然后又觉得自己举步维艰，没有一步走得顺利，颇有一点"欲渡黄河冰塞川，将登太行雪满山"的感觉。他们质疑自己的能力并否定自己的行为，但在现实中，一个人无论多优秀，也不可能每次都达到自己的期望。而低自尊的人只要没达到目标就会自我否定，不停地攻击自己。于是，他们内在能量的消耗会比其他人多出几倍，一方面要用心理能量来应对现实中的具体事件，另一方面也要应对自我攻击，这种消耗过后的无力感，可想而知。

（2）没有自信

无论别人和他说多好的事，他只会觉得"我不行"，遇到机会也觉得"不是给我这种人的"，总是先看到消极的一面。

遇事先打退堂鼓，逢人先说丧气话，无论对自己还是对别人，对事物还是对环境，始终无法用积极的心态面对。由于他们内心觉得自己不行或是不配，所以凡事先假设自己会失败，并且把失败的原因找好。因为他们所认识的世界就是消极的，对自己和别人都没有信心，有着极低的自我价值感。就像柏拉图所说："生活有太多的无奈，我们无法改变，也无力去改变，更糟的是，我们失去了改变的想法。"

低自尊的人习惯把曾经的风雨当成今天的阴霾，即使眼前出现彩虹，也会视而不见。其他人在和他们相处的过程中也会被这种负面情绪所累，不愿意与其共事。生活中一再出现负性事件，更加重了他们的心理阴影，总是想着自己做不好事情，这也是"自我实现预言效应"的体现。

（3）容易产生消极的情绪体验

低自尊的人身边总是围绕着太多的消极情绪，经常会感到悲伤、沮丧、内疚、羞愧、愤怒和焦虑等。比如，同事们一起出去参加活动，中途碰上了下雨，低自尊的人首先想到的是：

完了，所有的准备都白费了，老板一定会骂人的。而其他人只会觉得不巧，然后找地方躲雨，等待晴天。低自尊的人总是会陷入消极情绪中无法自拔。他们和消极情绪太熟悉了，甚至像"朋友"一样。消极情绪的体验导致了低自尊，而低自尊又会产生更多的消极情绪，这是一种恶性循环。

（4）不健康的应对方式

叔本华说："人性中有一个最特别的弱点，就是在意别人如何看待自己。"低自尊的人特别在意别人的看法，但是他们在人际关系中的应对方式是攻击或讨好。对于别人反对和批评的声音，低自尊的人受不了，也会特别愤怒。别人的言语成了束缚他们的绳索，别人的目光给他们建起了一座监狱。低自尊的人对自己没有自信，非常需要别人的认可，他们也会讨好别人，通过这种讨来的认可让自己舒服一点，找到一点价值。

很多人问我："老师，我在公司不是这样的，和闺蜜在一起也不是这样的，可遇见喜欢的人就变了，变得不像我自己，特别没有安全感。"我多次强调：所有的关系都是母婴关系的

缩影，亲密关系更是如此。自体心理学创始人海因茨·科胡特说："一个功能良好的心理结构，最重要的来源是父母的人格。"你和父母之间是如何互动的，这会成为你和爱人互动模式的基础。父母不爱你、不重视你，那你很可能就会遇到一个同样不爱你、不重视你的人，并且在相处中沿用与父母的互动方式。你在其他的人际关系中没有沿用这种互动方式，但你的思考逻辑仍然没变。你会希望每个人都喜欢和认可自己，害怕别人瞧不起自己，处处隐藏骄傲的自尊心。低自尊的人很难获得成功，因为他们习惯于对自己进行催眠，但我仍然认为：**低自尊不应该被看成一种缺陷，而是应该被看成一种勇气。**

为什么"我不够好"变成一种执念

低自尊的人在关系中遇到的最大问题就是爱而不得，对不爱自己的人锲而不舍，对爱自己的人不屑一顾。这样的表现往往让他们无法拥有真正的爱。另外，他们过低的自我价值感容易不被人珍惜，总是觉得自己不够好，甚至会选择一个各方面都不如自己的人作为伴侣。

有些女性明明条件很好，男朋友却可以控制她，她自己也不打算结束这段关系，令人唏嘘不已。这样过低的自我配得感很可能来自小时候和父母的互动方式，比如有一个完全忽视她的爸爸或是一个控制欲很强的妈妈。在亲密关系里，她可以将对方过分的行为合理化，甚至觉得这样做是正常的。她熟悉不

被爱、不被尊重、被批评和被指责的感觉，就算有人提醒，也很难让她有所改变。

低自尊的人遇到喜欢的人，也许只是欣赏对方身上的某一点，就可能选择飞蛾扑火，拼命付出而不求回报，甚至会产生"只要你对我好一点，就算践踏我的尊严也没关系"的感觉。因为执着是低自尊的人应对事情的方式之一，而且这是一种强迫性重复。什么是强迫性重复呢？

英国著名心理学家欧内斯特·琼斯将强迫性重复定义为无意识地重复早期经历过的痛苦情境来找回熟悉的感觉。虽然痛苦，自己却无法改变。比如说有一个女孩，她在原生家庭中不受父亲的重视，那她的潜意识会指引她找一个和父亲一样的男人，再次经历和原来一样的相处方式。面对一个对她不好的男人，她不逃离，因为这一次要拼尽全力赢得对方的爱。在父亲那里没得到的爱，现在要从一个像父亲的人身上得到，就像打游戏一样，之前没能通关，现在就要拼命通关。所以，那些爱而不得或是不被珍惜的人往往非常执着。

他对我越是不好，我越是要赢得他的爱，绝对不放弃。在和父亲的关系当中，交手几百个回合都是输；那这一次碰到一个和父亲有点像的人，当然要拼尽全力赢回来。只要低自尊的人意识不到原生家庭导致的强迫性重复，即使和现在的伴侣分手，下一次还是有可能选择一个不重视自己的人。**一个人意识不到自己的价值，在亲密关系中吃尽苦头，就在于认为自己不够好，不应该被好好对待**。正是这种对自己完全不准确的评价，让他们饱受痛苦。

低自尊的人在关系之外也会给自己带来问题，比如一个人在工作中取得了成绩，受到别人夸奖时会说："没什么，任何人都能做到，我只是比较幸运的那一个。"我碰到过一位低自尊的来访者，她完全看不到自己身上的价值，无法中肯地评价自己在工作中的成绩。明明完成了几个大项目，也积累了很多经验，老板想给她升职，她却不敢接受。她认为自己没有别人做得好，如果接受升职却无法表现得更好，那将是一种巨大的压力。另外一位来访者，她在公司工作了十几年，其他公司向她抛来橄榄枝，条件和待遇比现在的好很多，她却不敢接受这个挑战，白白浪费了更好的机会。这里有一个重要的问题，就是：低自尊到底是怎么

产生的呢？

首先，低自尊来自原生家庭的教养方式。一个孩子对自己的价值和重要性是没什么概念的，只能通过父母的评价来感受自己是重要的、聪明的、优秀的，或者完全反过来。这些对自己的评价和态度其实都来自父母的对待方式。

海因茨·科胡特说："如果孩子长期处在父母不成熟、敌意或是诱惑的回应中，将会引起他强烈的焦虑与过度的刺激，从而导致精神成长的贫乏。因为他的内驱力被压抑了很大一部分，而这部分无法参与他心灵的发展。"弗洛伊德说："一个在妈妈怀里受宠的孩子，终生都会保持一种征服欲，那种成功的自信往往可以带来真正的成功。"可见，父母就是孩子的潜意识，是孩子未来生活的动力和源泉。教育孩子不要用打击和批判的方式，因为孩子对父母的爱是无条件的，对父母的话不会怀疑，而这些也构成了孩子未来几十年的人格基础。

其次，低自尊来自早期消极的成长经历。人对自己的信念源于早期生活事件中所形成的自我概念，就是指人的童年经历、家庭环境、身边的朋友和同伴等，这些都会影响我们如何看待世界和自己。一个人如果在童年时遇到了很多负性事件，就很可能形成消极的自我概念，而这又会影响人的自尊。那么，什么样的事件可以成为消极经历呢？

1.被忽视

一个小孩在三岁之前无法照顾自己，六岁之前能做的事情非常有限，十三岁之前无法独立生存，所以说，孩子是非常需要父母的。如果父母忽视他，他就会觉得自己不重要，是一个不值得别人好好对待的人：父母都不会对自己好，别人就更不会了。被父母忽视，这是影响一个人自尊的重要原因。

2.被虐待

在任何时候，人的身体或精神遭到侵害，都会让自尊心受损。言语虐待也是如此，只是程度不同。一个成年人被人用言语攻击时也会感到自尊心受损，何况是一个孩子。"良言一句三冬暖，恶语伤人六月寒。"亲人或老师，他们说什么，孩子不懂得分辨，也没有抵抗力，只会全盘接受。这些话会变成对

孩子的评价。如果负面的评价居多，就有可能让孩子自卑，长大之后会戴上厚厚的人格面具。

3.被过度控制

"我是被父母宠大的孩子，为什么也是低自尊的呢？"这也是我经常被问到的问题之一。因为父母对孩子的爱太少是一种伤害，反之亦然。就像我们养花，水少则旱，水多则涝，无论哪一种，对花都不好。如果一个孩子在父母事无巨细的照顾下长大，这意味着父母对孩子的过度控制，容易限制孩子的正常发展。很多时候，父母帮你做事或者不让你做事，都在间接传递一个信息——你不行。就像有些孩子已经十几岁了，父母都不让他学习骑自行车，看起来是出于保护，实际上却是在告诉孩子"别人可以，但你不行"。有一些孩子，四五岁就开始自己吃饭、穿衣服了，但在父母过度宠溺下的孩子，十几岁却还在过着衣来伸手、饭来张口的生活。当一个人的能力被限制，就会逐渐失去自信，因为没有这方面的经验，同时也说明他已经被束缚了。

如果父母对孩子千依百顺，无微不至地照顾，孩子长大之后会没有安全感，因为他已经是一个成年人了，但心智还停留在童年。父母没有让孩子的心智正常发展，也没有根据年龄的增长来调整和孩子的互动方式，父母看似很爱孩子，但实际上是在过度控制，这样会导致孩子将来没有安全感，又缺乏自信心。

4. 成为发泄对象

如果父母总是将自己的情绪发泄在孩子身上，孩子就会认为自己的存在会惹人不高兴，把错误都归咎于自己，慢慢形成一种自动化思维。如果父母有重男轻女的思想，把所有的爱都给了弟弟，那这个姐姐就会觉得自己不值得被好好对待，也不值得拥有什么，自己是一个不值得被爱的人。这种负面的想法就像一台电脑的中央处理器，自动运行并且操控人生。

5. 负面的生活经验

负面的生活经验产生负面的想法，负面的想法又导致相应

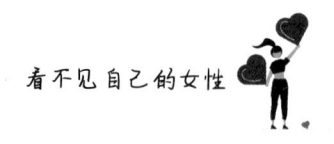

的行为方式。一个人如果从小到大都在被父母批评和打压，他所形成的想法就是自己不是一个让人喜欢的人，其他人都讨厌自己。基于这种自我认识，他会形成一套应对的思维方式和行为模式，比如：只有自己表现完美时，人们才会喜欢我；只有为别人付出，才会被别人接受。这是他的思维模式，与之相适应的行为模式就是努力把事情做到完美，然后取悦别人，甚至压抑自己的感受去满足别人，认为只有这样才能得到别人的喜欢。

内在自爱，就无须向外寻求依赖

每个人的行为其实都可以解释，我们要做的是理解背后的动机，分析行为背后的思维模式。当你发现自己负面的信念时，你可以站在它的对立面，一个个地进行反驳。当然，你也可以通过爱自己的方式来给自己补充心理营养。那么，这又要怎么做呢？

1.改善自己与自己的关系

低自尊的人无法和自己建立健康的关系，想要做到这一点，先要充分认识自己，包括对自己的看法，比如自己擅长和不擅长什么，自己喜欢和厌恶的东西是什么，优点和缺点分别

是什么，等等。对于这些问题，你都有明确的答案吗？

通常来说，低自尊的人总是拿自己的弱项去跟别人的强项比。比如明明自己的家庭很幸福，有疼爱自己的老公和阳光活泼的孩子，但是她看不到这些幸福，总是和那些条件比自己好的人比较。这种因为比较而生出的焦虑，对自己来说，无异于作茧自缚。

2.停止比较

无论你此时此刻处于哪种位置，永远有人比你站得高，也永远有人比你站得低。斯洛文尼亚哲学家斯拉沃热·齐泽克说："我们看待问题的方式就是问题的一部分。"低自尊的人习惯与人比较，比如她开的车比我的贵，住的房子比我的好，小孩就读的学校是名校，等等。比较心是造成低自尊的原因之一，但是低自尊的人又特别喜欢比较，因为他们需要通过比较让自己感觉良好，找到自己的价值。所以，我们应该学会看到自己的价值，对自己有全面的认知。

除此之外，低自尊的人会把社会地位和自我价值完全捆绑在一起，比如"我的同学是公司的部门总监，而我只是一个普通职员，我的价值比她的低"这样的想法。这种比较会让人陷入自卑，也会导致自我认同的缺失。所以，从现在开始，你要诚实地面对自己，不抬高也不贬低自己，无论你当下的生活如何，你都和其他人一样拥有幸福的权利。人本主义心理学家卡尔·罗杰斯说："当我接受自己本来的样子时，我就可以改变了。"是的，当我们接受真实的自己，改变其实已经发生了。

3.停止自我攻击

低自尊的人应该多关注一下自己已有的幸福，你不是一无所有，不要再自我攻击了。自我攻击其实是我们对自己的成见，而这些成见通常是对父母批评的内化。还记得第一章提到的那只小象吗？即便小象长大后可以挣脱铁链，它也没有这样做。而父母对孩子的批评就像铁链，在孩子长大之后仍然可以产生影响。自我攻击的人内心有一个牢笼，这个牢笼就是在与父母互动中建起来的，是父母给孩子带来的局限。

你现在要做的就是尝试突破这种局限，因为这不是真相。

柏拉图说："孩子害怕黑暗，情有可原；人生真正的悲剧，是成人害怕光明。"现在，你要找到这片光明，找到属于自己的新天地。你不是一只小象，你有足够的力量可以让自己获得自由。父母对你的批评已经成为过去，那不是现在的你。你不再是一个弱小无力的孩子，配得上别人的认可和赞美。你不需要在意内心"你不行""你不好"这样的声音，当它们出现的时候，你要告诉自己，这些声音不是真实的。然后调整心态，告诉自己"我可以"。慢慢地，你会发现自我攻击的次数会越来越少。

也许有的人认为这样会造成过度自我中心化，人还是要保持一定的自省。是的，自省很重要，但自省和自我攻击有本质的区别。自省是客观地评价自己，然后向好的方向转变，而自我攻击则是在否定和贬低自己。

4.学会自我关怀

面对别人的批评和指责，你可以选择安慰自己，同时承认自己的不足。这并不意味着认输，而是因为正视才能改变。阿德勒说："当我们开始做自己力所能及的事情时，世界或许不会因此而一定发生改变；如果我们什么都不做，事情只会朝更糟糕的方向发展。"自我关怀和自我安慰就是我们能为自己做的事情，当我们开始的时候，改变也正在发生。就像春草初生，那些刚刚萌芽的小草，似有如无的淡绿色，看起来还微不足道，但终将成为春天里的秀美风景。你的改变就像这些小草，之后会带给你无限的春光。

5.行动起来创造成功经验

知识是要用于实践的。为什么你会觉得自己不行？因为你没有真正行动起来，没有给自己设定目标，也没有为自己创造成绩。自爱不是自我催眠，我们要提高自信心，就要开始行动起来，一点一滴地做成某些事，也可以因此慢慢喜欢自己。比如，你这个星期打算读五十页书，能做到就是你的成绩，即便它看起来微不足道。这就是自我改变的开始，虽然目标设定得很小，却对提升自信心有很大的帮助。

只要把停留在意识层面的计划实现，无论结果如何，本身

都是在创造成功的经验。不是只有好的结果才算是成功，开始改变的过程也是一种成功。你的每一次行动，都会指向更为明确的目标。荀子在《劝学》的一段话可以很好地激励我们："不积跬步，无以至千里；不积小流，无以成江海。骐骥一跃，不能十步；驽马十驾，功在不舍。锲而舍之，朽木不折；锲而不舍，金石可镂。"微小的行动不断叠加会带来巨大的改变，我们也以此来成就自己的人生。

6.治愈内在小孩

在这里需要再次强调冥想的好处。通过冥想，你可以看到跌倒的内在小孩，然后试着安慰他，给他关爱。找到一个自我关怀的姿势，可以是环抱双肩，也可以是双手抚在胸口，闭上眼睛，感受你给自己的爱和力量。

德国哲学家梅斯特·艾克哈特说："如果你爱自己，你也会像爱自己那样去爱每一个人。"当你开始爱自己，也意味着你变得越来越强大。心理学上有一个著名的"飞轮效应"，是指人们为了让飞轮转动起来，最初需要使用很大的力气。一旦飞轮开始转运，就会越来越快，也越来越省劲。这个理论告诉我们：每一点努力都不会白费，开始行动就是对自己最好的鼓励。

7.找到生命的意义和价值

生而为人，有自己的思想，可以用语言和别人交流，这是很幸福的事情，而且我们还能找到生命的意义，实现人生的价值。低自尊的人总是觉得自己一事无成，每天都在重复无意义的生活。尼采说："每一个不曾起舞的日子，都是对生命的辜负。"在这里，可以分享一下紫罗兰皇后的故事。

爱利克·埃里克森是著名的心理学家。有一次，他去美国的一个小镇工作，同事希望他可以帮一个忙。同事有一个姑母，一辈子都在独自生活，性格孤僻，身体也越来越差。他希望埃里克森可以和自己一起看望姑母，顺便开导一下她。

埃里克森答应了，他和同事一起拜访了姑母。一进门，埃里克森就看到门窗紧闭，屋内显得死气沉沉。姑母也和同事说的一样，整个人无精打采，双眼无神。埃里克森一边和她闲

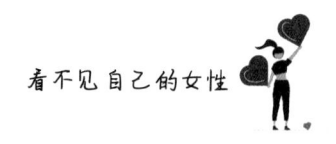

聊，一边四下打量，希望找到一个切入点。之后，他在窗台的角落里看到一盆开着花的紫罗兰。临走的时候，埃里克森跟姑母提出了一个小请求，他对老人家说："这盆紫罗兰开得很漂亮，等一下我要去朋友家参加生日聚会，可不可以把这盆漂亮的紫罗兰送给我当礼物？"姑母平时喜欢打理一些花花草草，家里养了很多花，所以想都没想就答应了。

第二天，埃里克森又专门拜访了姑母，向她道谢并给了她十美元，同时绘声绘色地讲述那盆紫罗兰是如何得到了朋友的喜欢，如何给派对带来了更多欢乐。借此机会，埃里克森提议姑母可以给在小镇上过生日的人送花，她突然间被打动了。从此之后，她养了更多的花，也比以前更用心。

十年之后，当姑母过世，整个小镇的人都在怀念她。小镇的报纸头条刊登了一则讣告："'紫罗兰皇后'去世，我们永远怀念她。"原来在过去的十年里，老人家给镇上的人们送过无数盆紫罗兰，并获得了"紫罗兰皇后"的美称。自从姑母种了更多的紫罗兰，并且把花送给过生日的人之后，她给人们带来了欢乐，也让自己的生活有了意义。

这个故事告诉我们：当你找到一件让自己乐在其中又可以帮助别人的事情时，你和别人的生活都因此有了意义。阿德勒说："只要自己做了对的事，感受到了贡献感，就不必期待他人的感谢与赞美。"

在痛苦中看见真实的自己，本身就是一种治愈。从现在开始，你要给自己的人生打开一个突破口，像紫罗兰皇后一样找到自己的价值所在，活出自己生命的全部潜力。

你的力量与外在无关，与通常认为的强势和控制无关，你的力量存于内在，是你的独立和自信，是你的自我掌控力。当你依赖外在，无论是依赖他人，还是依赖他人的看法和评价，都意味着你交出了自己的力量，而你也将由外在掌控。你会感到无助和害怕，但不必批判自己，这些都是体验。经历过这些，你才知道失去的是什么。

交出力量和收回力量完全取决于你，是你自己的意志和自由。你完全可以决定你所是，选择你所是，创造你所是。你是自己完全的掌控者和决定者，没有人可以伤害你，没有人可以替你做决定，也没有人可以左右你的选择，除非你同意。

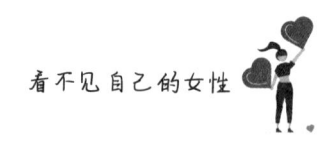

你的力量不在你之外的任何地方，除非你认为它在你之外。当你不再依赖外在，回归内心的独立，你自然会无所畏惧。当你无所畏惧，才能真正地独立思考，你会更懂得包容和接纳，任何人和事都不能再伤害你。真正的力量不是对抗，而是爱。**听一万种声音，但是只成为自己。你不需要向外寻求力量和认可，只需要自己坚毅的钻石之心和独立自由的灵魂。**

你决定自己想要的体验，然后实现它；你决定其他人和事对你的价值，因为他们本身对你并没有价值。你不需要向外寻求认可，外界的认可无法真正改变或者影响你自身的价值。人们会按照自己的思维和喜好去评价，因此他人的评价仅仅代表他的精神世界，与你本身的价值没有关系。

你所寻求的力量——爱和认可，皆在你的心中。即使有时你以为那些是由其他人给的，但都是错觉和幻象。当你认为自己没有力量，它就没有了；你认为力量被交出，它就不在了，一切都取决于你的决定。当你清醒过来，消除无谓的信念和幻象，你就会发现自己才是世界的主人。此时此刻，静静地感受自己的心正充满力量，那是在外在寻找不到的力量，而它一直都在你这里。

是的，你的爱一直都在自己这里，不需要向任何人索取。只有对自己的爱是完全可靠的，并且持续不断。你内在的资源就是自己的安全基地，我希望你可以经常沉浸在流动的爱里，让安全感可以自给自足。在你自我攻击或负面情绪过多的时候，可以给自己力量，这是你可以为自己所做的正确选择。每一次的成功都是进步，最终让自己的内在充满力量。从此，你的爱自内向外，不再需要向别人索取。

人生海海，愿你有帆有岸，有热爱，也仍然敢于喜欢。

第六章
与一切和解：你会比想象中更快走出深渊

自爱的偏差

在前面的章节中，我们讨论了内在匮乏会让人用错误的方式去爱，无论是没有安全感、不能接受分离，还是讨好、指责，这些都是。那什么样的方式才是正确的呢？答案是学会爱自己，只有自爱才能获得真正的爱。接下来，我就将详细阐述让人终身获益的能力。

什么是爱？有人说爱是包容、接纳和理解，有人说爱是发自内心地希望一个人好，有人说爱是想念到无以复加，等等。这些说法都没错，每个人都有自己的理解。爱不是看得见、摸得着的东西，但每个人都可以真实感受到它的存在。你怎么爱一个人，就应该怎么爱自己。爱可以产生一种能量，可以来自别人，也可以来自自己。对于孩子来说，爱只能来自别人；对于大人来说，如果爱仍然来自别人，那意味着这样的人实际上还是孩子。

在前面的内容中，我们一直在说索取他人的爱不可靠，只要是仰赖于别人的给予，就都是不稳定的，你也会经常在失望和期望中来回摇摆。你不能把所有的希望都寄托在别人身上，得到的时候不满足，失去的时候又很痛苦。你要好好地爱自己，无论是当下的自己，还是理想中的自己，抑或是过去的自己。当你做到的时候，你就会发现自己有了更多的耐心和信心，无论站在人生的哪个位置，都可以十分从容。"问渠哪得清如许，为有源头活水来"，爱自己就是我们生命的源头活水。

很多人已经知道要爱自己，却在爱自己的行为上产生了错误的理解。有的人说："我以前都是对别人好，对自己不好，现在我懂得爱自己了，所以我赚一万就花九千来犒劳自己。以前舍不得买奢侈品，现在绝对不会委屈自己，喜欢什么就买！"这样的行为是爱自己吗？不是的。如果爱自己的行为有分数，从别人那里索取爱是零分，给自己狂买东西只能是五分。让自己吃好的、穿好的，从物质上弥补自己不是真的爱自己。如果爱自己这么简单，为什么很多富豪仍然不快乐呢？因为爱自己不是只停留在物质层面的。

如果你认为爱自己就是无限度地纵容自己，比如天天都睡到中午才起床、餐餐大鱼大肉、只要自己开心就好，那就错了。这不是爱自己，反而是在害自己。**满足欲望得到的快乐都非常短暂，人生最终的价值在于思考和觉醒，而不仅仅是生存。**放纵自己是生存的最低境界，而放纵会产生的问题就是很容易上瘾。

人的大脑有奖励机制，当我们需要某些东西的时候，大脑就会发出信号，刺激你去做某件事来满足自己。我们需要明白的是，我们的所思所想，甚至人格也是为自己的身体服务的。比如当我们感到饥饿，身体就会开始分泌胰高血糖素，同时，多巴胺的分泌会减少。这个时候是身体给大脑传递"我饿了，需要吃东西"的信息。于是，在大脑的奖励机制的推动下，你会去吃东西，增加多巴胺的分泌。

趋乐避苦是大脑的本能，所以大脑的奖励机制会训练我们，做对了可以得到奖励，做错了会受到惩罚。上瘾在于你得

到的时候不满足，失去的时候很难受。获得成瘾源的时候，大脑会分泌大量的多巴胺，让我们暂时得到奖励，但同时也会带来副作用——成瘾源会大幅提升多巴胺的阈值，导致原本正常分泌的神经递质变得不正常。做某件事情或是见到某个人会让你感到快乐；反之，反射中枢得不到多巴胺的反馈，我们就会感到不适，甚至是痛苦，只有通过不断获取成瘾源来感到快乐。纵容自己享乐很容易导致成瘾，而这种行为和爱自己是背道而驰的。这也是为什么说这不是爱自己，而是害自己。

我们需要分清什么是爱自己，什么又是害自己。满足自己的享乐需求、向别人索爱都不是爱自己，而纵容自己奢侈消费、以爱为挡箭牌去纠缠对方则是害了自己。那些爱而不得的故事都有一方打着"为爱付出"的旗号，实际上却在做着伤害彼此的事情。爱而不得，所以更想得到，这已经接近成瘾的过程，而任何成瘾的行为都和真爱相距甚远。这个世界上没有谁是永远的依靠，也没有谁能永远陪伴谁，你要学会对自己好一点。风吹雨淋的时候，要好好撑伞；披星戴月的时候，为自己点一盏灯。

恋爱会让人感到快乐，但一个人的快乐只能通过恋爱获得，就太不懂得爱自己了。和多巴胺有关的行为通常都有上瘾的风险，而且多巴胺带来的快乐是转瞬即逝的，有人会因为买了一个新手机而高兴几个月吗？不会的，花钱获得的快乐不会持久而且还会伴随着空虚感，物质享受对整个人生是不具备长远意义的。"人似秋鸿来有信，事如春梦了无痕"，靠多巴胺的分泌带来的快乐就像一场梦，梦醒了，无处寻其踪迹。

人的快乐并不完全取决于财富。我接触过几个特别富有的人，是那种拥有几栋商业大厦的有钱人，一开始喝几千元的酒就很快乐，后来喝几万元，甚至几十万元的酒也不眨一下眼睛。对这样的人来说，用钱可以完成的事情已经做过了，花钱已经不能给他们带来快乐。这种程度的花钱会导致多巴胺分泌的阈值越来越高，可能花两万元就能感受的快乐，后来花一百万元都不行。这也是多巴胺的副作用——对正常的奖励机制的摧毁。如果人开始往这条路上走，是很可怕的，因为你会发现没有任何东西能让你获得真正的快乐。追逐短暂却没意义的快乐是害自己，而不是爱自己。

对于父母和孩子，过度的爱就等同于害。父母创造了财

富，不需要孩子努力，房子、车子都已经准备好，日常开销也不用担心，孩子不用做任何事就可以得到一切，但这样会让孩子体会不到什么是成就感。奋斗的快乐在于成就感，通过个人的努力与世界产生正向的连接，通过创造价值找到生命的意义，这种快乐是大脑分泌的另一种物质——内啡肽。

满足欲望不是爱自己，关注自己的得失也不是爱自己，因为得失心很容易和自私联系在一起。那么，自爱跟自私有什么区别呢？自私不是爱自己，自私的人也做不到爱自己，虽然两者的表现都是在乎自己，但方式是不一样的。自私的人认为身边的人和事都应该服务于自己，他们会利用别人，并通过对外界的控制来满足自己。自私的人无法满足自己，所以要利用别人来达到目的。而自爱的人有足够的资源满足自己，可以通过正确的方式让自己感到快乐和幸福。

因为需要而爱的人是自私的吗？如果你不确定自己是需要对方还是爱对方，你可以问自己一个问题：自己不和对方在一起的时候是否感到痛苦？如果你一个人的时候过得很痛苦，只有和对方在一起才能感到快乐，那是需要，而不是爱。他那么重要，你不和他在一起就像在地狱，和他在一起就像在天堂，你当然必须和他在一起，无论他是否愿意。这就是自私，因为自私是利用别人服务于自己，虽然看起来是你爱他，但你是自私的。**因为需要而爱的人，爱的不是对方，而是以爱的名义满足自己的实际需要，那不是真正的爱。**

"他不爱我，我不会停止爱他，尽管他不属于我，但我就是不放弃"，这种心理也是自私的。如果自爱，你不会爱一个不爱自己的人，而你真正爱一个人，会尊重他不爱你的事实，不会强求于他。很多人会问："我对他那么好，他为什么不爱我呢？"可是，一个人不爱你需要理由吗？每个人都有最基本的自由，是否出现在你的世界当然也是别人的自由。爱而不得就是要求别人回馈你的爱，可问题在于别人并没有要求你爱他。

没有人可以保证你爱的人一定会爱你，不要因为别人爱你才开心，你可以选择好好爱自己。当你开始认真爱自己，你也会很自然地把这份爱传递出去，也懂得放弃一段没有营养的关系，然后在健康的关系中找回自信，改写自己的人生剧本。

远离多巴胺，拥抱内啡肽

自爱的人懂得用正确的方式来满足自己，前文中提到的害自己的行为，其实就是用了错误的方式。那么，怎样才算用正确的方式爱自己呢？首先就是要确定一个正确的人生目标。有的人不知道什么才是自己的目标，而有的人则是目标太多，不知道朝哪个方向努力。如果你从没认真想过这个问题，没关系，有一个可以说是我们共同的目标——拥有健康、快乐的幸福人生。有了这个目标，对于自己的人生往哪走，又该做什么，慢慢会变得清晰。

当你的目标确定下来，对身边的人和事也会看得更清楚。比如，不爱你的人，让你感到痛苦又没有尊严，也许他让你短暂地快乐过，但更多的时候带来的是不快乐。他不爱你，你要如何幸福？在一起时悲伤多过快乐，这样的关系健康吗？答案当然是否定的。强扭的瓜不甜，他不能让你达成"拥有健康、快乐的幸福人生"的目标，你会选择结束这段关系，这样才是爱自己。

曾经有人对我说："离开我爱的人之后，之前想做的事情都失去了动力，一下子就没有了目标。"很多人都有这种感觉，但这不会是一个持续的状态。人在分手之后感觉心被掏空是因为你们过去的交往互相嵌入了对方的生命之中，一旦分开，原来被对方占有的那部分突然消失，有这样的感觉很正常。不过，未来还有很长的路，你要继续前行。伤口是光照进来的地方，不要害怕伤痛，你会放下过去并获得成长。只不过需要用自爱的方式来化解伤痛，正确的方式就是远离多巴胺，拥抱内啡肽。我们想要拥有幸福的人生，首先要懂得区分多巴胺和内啡肽，接下来就详细阐述一下。

多巴胺是大脑分泌的一种神经递质，传递兴奋和开心的信息，同时与上瘾有关。多巴胺的作用是帮助大脑形成奖赏机

制。一般来说，你要获得奖赏，就要有实质性的反馈，你知道做这件事情马上就会快乐，但是这个快乐是真实的吗？研究发现，多巴胺的效果产生于期待奖赏，而不是获得奖赏。所以多巴胺等于期待，它带来的是渴望和幻象。

在这里讲一个著名的实验：詹姆斯是一个非常著名的神经学教授，有一次，他在做实验的时候，将一根神经传感器连接到三十四号小白鼠的大脑的一块区域，只要那个小白鼠按一下连接传感器的按钮，传感器就刺激产生多巴胺的大脑区域，小白鼠也会感到兴奋。在按压了几千次之后，小白鼠把自己电死了。上瘾就是这样，忍不住重复同样的行为。

多巴胺的副作用是，即便你已经累了，但就是舍不得放下。现代人对手机的依赖就是这样的。熬夜玩手机的时候，没觉得自己干什么，就已经到深夜了，即使又困又累，却还是不愿意放下手机去睡觉。因为每看到一个新的内容，就有一个新刺激，让你的大脑分泌多巴胺。所以，不能用正确的方式获得快乐的人，就是走错了方向。

关于刺激多巴胺分泌的行为在前文中提到过，比如花钱买东西带来的快乐，还有恋爱时能见到对方的快乐，但这样的快乐很短暂，而且会带来更多的痛苦。就像很多人的恋爱，在短时间内就可能分手，因为他们用短暂的恋情获得了激情和快乐，导致多巴胺的阈值很高。有点像一个人喝酒，一开始喝两杯就醉了，之后越喝越多，哪怕喝几瓶都不会醉，因为耐受性变高了。在成瘾的行为中，虽然你是兴奋的，想要更多的刺激，但是你感受的并不是真正的快乐。久而久之，还会让你丧失体验普通快乐的能力。

现在我们来说一下内啡肽。内啡肽也叫"脑内啡"，是一种脑下垂体分泌的类似于吗啡合成物的激素，它会给人带来快感，有止痛的效果。这种淡淡的快感和多巴胺不一样，多巴胺是很高的快感，而内啡肽能让你感到内心平静，调整不良情绪，调动神经内分泌系统，提高免疫力，缓解疼痛。在内啡肽的帮助下，人可以处于轻松、愉悦的状态，让免疫系统得以强化，还可以镇痛以及缓解抑郁。那么，如何能够分泌内啡肽呢？其实运动就可以，但不是所有运动都有效果。内啡肽的分泌需要一定强度和时间的运动，跑步、登山、打球，半个小时

以上就可以让人分泌内啡肽。这也可以解释为什么人在大汗淋漓之后，心情会感到舒畅。

很多面临分手的来访者会对我说："我现在不想和他在一起，像一潭死水，没有生气。"我通常会建议他们先去运动，但收到的回答一般都是"我不想动，想到还要去运动场，就觉得特别无聊"。如果我建议他们跑步，就会收到"我没办法拖着沉重的双脚走到楼下"这样的回答。不过，略显奇妙的是，只要他们逼自己踏出第一步，整个人就会开始变得不一样。

如果不相信，我们可以做个实验。当你的心情再次感到郁闷时，什么都别想，马上逼自己去运动，在出门之前给自己的状态和愉悦度打个分，等到回来之后再打个分。对比之后，你会发现，后者比前者的分数会高出很多。这是已经得到验证的，只要你去做，就会让自己感觉更舒服。而做这件事并不需要别人的帮忙，你自己就够了，这其实也是爱自己的一种方式。如果你可以让自己感到平和、愉悦，自然不需要别人，无论你面对的是什么问题，都可以完成自救。**用正确的方式让自己获得爱和安全感，需要的是拥抱内啡肽，远离多巴胺。**

当然，我们都是凡人，不可能完全放弃多巴胺，只不过我们强调的问题是，如果多巴胺上瘾，你是否有能力自救。就像我们虽然担心身材走样，但偶尔还是想大吃一顿；因为嘴馋，也会有想吃路边摊的时候。这当然没问题，毕竟只是偶尔一次。区分多巴胺和内啡肽，主要是让人明白要去的方向。

说到这里，你应该明白怎样才能做到好好爱自己了吧。首先，设定一个人生目标，如果暂时没有，就先设定为拥有健康、快乐的幸福人生；其次，用正确的方式实现目标，给自己补充心理营养，让爱和安全感可以自给自足；最后，远离多巴胺，拥抱内啡肽。

当你真正开始爱自己

有人这样问我:"那些让自己快乐的事情,为什么打麻将、打游戏没有意义,而弹钢琴、跳舞或是掌握一项技能是有意义的呢?是否有意义由什么来决定呢?"是这样,如果你在做某件事的过程中,感受是先苦后甜,并且可以拓展人生的边界,这就是有意义的。先苦后甜还是先甜后苦,有意义还是没意义,这决定了你是在获取多巴胺还是内啡肽。反复去做有意义的事情,有助于塑造健全的人格。你会逐渐发现,优秀不是一种行为,而是一种习惯。你可以尝试一下,找到一件事,坚持一到两个星期,你就会感到内啡肽的神奇。

爱自己意味着你还要接纳自己的每一面,无论是好的一面,还是坏的一面。很多人在反思的时候都无法全面地看待自己，如果自己身上有一些缺点，就会把它无限放大，这和我们之前说过的低自尊有关。这个世界没有完美的人，因为人人都不相同，才造就了每个人的独一无二。如果每个人都很相似，那我们就都变成了机器人。机器人是可以完美的，但这种完美并不美。

每个人都有自己的生命功课和缺憾，在和不同的人交往、碰撞的过程中，生命因此变得生动而活泼，也更富有意义。你要看到自己的不足，努力克服这些问题，然后变成一个更好的人。所以，我们身上的优点和缺点就像硬币的两面，这样才是一个真实而完整的自己。

心理咨询行业有一句话："内心没有任何问题的人难成大器。"从某种程度上确实可以这样说，因为那意味着没有一个巨大的动力在背后推着人向前走，只有经历过苦难的人才有这种动力。也可以这样理解：那些在某个领域获得成就的人，很可能在某个方面有一定的缺失。也许和我们一样，曾经用讨好和指责向人索取爱，碰壁无数次之后终于知道用正确的方式让自己获得幸福。人生没有白走的路，每一步都算数。接受自己

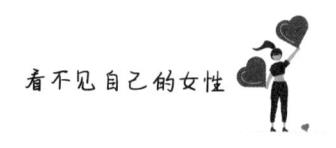

的每一面，然后创造自己的价值。

爱自己还包括允许自己真正意义上长大成人，做自己命运的主人。阿德勒说："如果总是在意别人对自己的看法，自己的人生就会失去方向，也会给人无法信任的感觉。"从此刻开始，你要尝试不在意童年里的痛苦经历，不让别人的评价成为自己的囚笼，不让别人的眼光成为自己的枷锁。你的命运掌握在自己手中，因为你已经掌握了人生的方向盘，你可以开始好好爱自己。

爱自己也要学会自律，告别容易感到挫败的自己。什么样的人会不自律呢？内在有一个不愿长大的孩子的人容易不自律，即使知道问题在哪儿，知道自己应该怎么做，但就是不想去做。这是自我攻击的反面——自我纵容，纵容那个内在的孩子。"我就是不想做这个，不愿做那个。药是苦的，我就是不要吃；糖是甜的，我就想吃。"这种纵容会让自己不断感到失望和挫败，对未来的发展非常不利。

从一个失败者转变为成功者仅仅需要三次成功的体验，设定一个目标，无论是什么，只要成功三次，大脑对多巴胺的渴望就会降低。通过行动,你享受了成功的喜悦,而它会带给你成就感。成功的体验会让你知道"原来我也可以",它是一种正面奖赏,会让你觉得自己以后可以做到更多。

现在就可以制订一个计划,把它放在下个星期的安排里,可以非常简单。比如,去一趟银行、练一次瑜伽和读完一本书。定好下个星期的目标,当你在周末完成的时候,你会马上产生一种小小的成就感。这也是成功的体验,让大脑分泌内啡肽,给你带来自信。这种自信不是空洞的自信,而是来自计划后的行动。

其实,我年轻的时候也不自信,二十多岁刚进入社会时很自卑。当时的我用冷漠和孤傲伪装自己,让自己看起来酷酷的。到现在,我变得真正自信之后,反而放下了原来那种酷酷的感觉。如果一个人靠伪装让别人觉得自己很自信,这是空洞的自信,真正的自信是行为带来的自信。

在过去的十几年里,我没有停止学习,取得了两个硕士学位,其中第二个学位来自QS世界排名前五十的大学。我们那届一共有两百多名学生,只有十九名同学取得了优异的成绩,

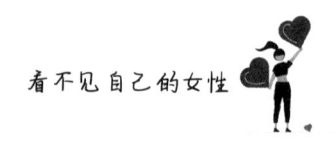

我是其中之一。我用知识和技能武装自己获得的自信才是真正的自信，有内容，也可以见证。因为我行动了，所以得到了我想要的结果。现在轮到你了，还在等什么呢？朝着你的目标开始行动吧！

在这里，我想引用卓别林的《当我真正开始爱自己》这首诗来结束这一篇的内容，希望每个人都学会爱自己。

当我真正开始爱自己，

我才认识到，所有的痛苦和情感的折磨，

都只是提醒我：活着，不要违背自己的本心。

今天我明白了，这叫作"真实"。

当我真正开始爱自己，

我才懂得，把自己的愿望强加于人，

是多么的无礼，

就算我知道，时机并不成熟，

那个人也还没有做好准备，

就算那个人就是我自己。

今天我明白了,这叫作"尊重"。

当我开始爱自己,

我不再渴求不同的人生,

我知道任何发生在我身边的事情,

都是对我成长的邀请。

如今,我称之为"成熟"。

当我开始真正爱自己,

我才明白,我其实一直都在正确的时间、正确的地方,

发生的一切都恰如其分,

由此我得以平静。

今天我明白了,这叫作"自信"。

当我真正开始爱自己,

我不再牺牲自己的自由时间,

不再去勾画什么宏伟的明天。

今天我只做有趣和快乐的事,

做自己热爱、让心欢喜的事,

用我的方式、我的韵律。

今天我明白了,这叫作"单纯"。

当我开始真正爱自己,

我开始远离一切不健康的东西。

不论是饮食和人物,还是事情和环境,

我远离一切让我远离本真的东西。

从前我把这叫作"追求健康的自私自利",

但今天我明白了,这是"自爱"。

当我开始真正爱自己,

我不再总想着要永远正确,不犯错误。

我今天明白了,这叫作"谦逊"。

当我开始真正爱自己,

我不再继续沉溺于过去,

也不再为明天而忧虑,

现在我只活在一切正在发生的当下,

今天,我活在此时此地,

如此日复一日。这叫作"完美"。

当我开始真正爱自己,

我明白,我的思虑让我变得贫乏和病态,

但当我唤起了心灵的力量,

理智就变成了一个重要的伙伴,

这种组合我称之为"心的智慧"。

我们无须再害怕自己和他人的分歧,

矛盾和问题,因为即使星星有时也会碰在一起,

形成新的世界,今天我明白,这就是"生命"!

走出受害者的角色，与原生家庭和解

社会学有原生家庭的概念，相信大家也不陌生，心理学的研究中也借用了这个概念，但是更偏重于父母对孩子的后天影响，也就是父母在有了孩子之后，其教养方式对孩子的性格、人际关系和情感价值观等方面的具体影响。作为心理学三大主要流派之一的精神分析学派更是认为，原生家庭对越小的孩子影响越大。

这个世界上没有完美的原生家庭，因为没有完美的人。父母不可能是完美的，做的事情也不可能完美，所以孩子的成长环境也不可能完美。我们要做的就是正面面对原生家庭造成的问题，治愈自己受过的伤，拥有一个健康、快乐的人生，这也是本书希望达成的目的。

上一章内容讲述的是如何真正地好好爱自己，我给出的解决方法是远离多巴胺，拥抱内啡肽。再往前的内容讲述的是原生家庭导致的内在匮乏，而爱自己是弥补匮乏的方法。在这一章中，我们要讨论的是如何与原生家庭和解，不再让它成为人生的阻碍。

成年人的很多问题，尤其是和安全感相关的问题，往往可以追溯到原生家庭或是童年经历上。幸运的人靠童年治愈一生，而不幸的人一生都在治愈童年。我不希望谁为了治愈自己真的用上一生的时间，但童年的经历确实可以对人造成很大的影响。原生家庭的养育环境对一个人的人格形成非常重要，无论是温暖还是痛苦的经历，都会深深地刻在人的骨子里，从根本上对人产生影响，这也是很多问题的根源所在。

原生家庭的影响越深，孩子长大之后越会按照曾经对世界的感觉去感受成年人的世界。很多人问我："我在工作的时候独当一面、雷厉风行，一旦进入亲密关系就像个小孩一样，不断向对方要爱，又非常依赖对方。为什么我在亲密关系里和

平时完全不一样呢？"弗洛伊德提出了潜意识理论，可以这样说，原生家庭对人的影响正是通过潜意识起作用的。埃里克森说："我们在婴儿时期的主要任务是发展出世界的信任感以及克服不信任感，体验希望的实现。"这一切都是在你和父母亲密互动的过程当中获得的。当这个孩子有了信任感和自信的基础，他才有勇气向外探索世界，实现生命的成长和发展。可是，当你卡在那里的时候，受伤的地方就停止了发展。

原生家庭对人的影响是多个方面的，你的"三观"、为人处世的方式、人际交往都会影响。有的人家境不好，长大后就对金钱非常渴望；有的人没有从父母那里得到足够的关心和陪伴，长大后对亲密关系就会特别执着；有的人小时候受过不公平的对待，长大后就会努力追求公平，甚至达到偏执的程度；还有的人从小生活在批评和打压的家庭中，长大后就会特别自卑，完全没有自信。原生家庭塑造了每个人不同的性格，所以我们需要好好谈一谈原生家庭以及如何与之和解。只有人生的上一个篇章结束，才能开启新的篇章。和解未必一定代表原谅，而是意味着释然。那么，如何才能治愈原生家庭带给自己的伤痛呢?

首先,我们要允许伤痛浮出水面,看到受伤的内在小孩。你要面对伤痛,才能化解伤痛。有些伤,我们从来都没有允许它浮出水面,没有正视,自然也无法愈合。就像身体的一处瘀伤,你注意到之后,才会上药止痛。如果你曾经受到父母的不公平的对待,应该尝试分析一下这件事本身,而不只是抱怨和指责,因为这并不能解决问题。**如果你认为自己是彻头彻尾的受害者,伤痛将永远无法被治愈。**你需要尝试看到父母的匮乏和局限,他们也是人,也可能是因为他们也被这样对待过,因为没得到过,所以给不了。虽然你会感到委屈,但还是要努力寻找"真相",接受事情已经发生的事实,现在要做的是不再让伤痛留在身体里。

当我们在谈原生家庭的负面影响时,我们真正谈的是什么呢?是父母对孩子的伤害,比如"你们怎么能这么对我""为什么你们不能像其他父母那样疼爱我""为什么你们对我这么不公平"等。能谈到这些,就说明伤害的影响仍然存在,这是一种执念,执着于求而不得的爱。随着时间的推移,很多事情

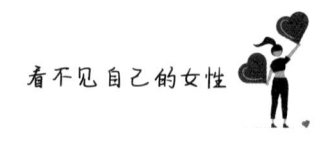

已经变成过去，你需要接受现实，将情绪释放。这不是要求你原谅，而是让你远离伤害，减少它对你的影响。

美国心理学家斯蒂夫·卡普曼提出过著名的三角关系——戏剧三角形，包括受害者、迫害者和拯救者。当我们以受害者的角色进入关系时，就会给身边的人安排角色，童年时的迫害者是父母，成年后是伴侣，而我们在苦苦等待一个拯救者。我们的所有力气都会花在将迫害者转变为拯救者的这出戏上。

我们要从受害者的角色中走出来，学会好好爱自己，看见这个角色的心理阴影，然后走到阳光下。前文中提到的费斯汀格法则也可以应用在这里，心理阴影只占我们生命中的10%，而另外的90%则是我们将如何面对未来的生活。接纳自己，告别过去的伤痛。心理学上对于告别伤痛的标准非常简单和清晰：不伤害自己也不伤害他人的方法，就是好方法。那我们具体应该怎么做呢？

1.写日记

首先，你要看见自己的情绪，把自己的内在伤痛用文字表达出来，尽情地宣泄，就像对着树洞倾诉一样。很多时候，你不能在身边找到合适的人倾诉，还可以去找心理咨询师，或是把痛苦写下来。有了作为情绪出口的树洞，那些难过的事情也没有想象中难过了，就像哲理诗中所写的那样："能被看见的痛苦，就不再是痛苦。"

其次，你可以尝试呼吸冥想，向内观照，听听内在小孩的委屈，给他安慰。做自己的治疗师，疗愈这个受伤的孩子。

2.成为自己的父母

心理学家告诉我们："你不仅仅是你，你还是你的父母。我们每个人都要真正成为自己的父母。"是的，当我们成为自己的父母，就可以用自己想要的方法来对待自己，好好地爱自己。你需要让"你必须成功才有价值"或是"你必须漂亮才会被爱"这样的声音消失，因为这种"必须"的声音会不断消耗你的生命。之后，你可以写下"我怎么样"的清单，把它们贴在墙上，比如"我是努力的、勤奋的、善良的、诚恳的"这样的话。试着对镜子中的自己大声说出来，给予自己肯定。如果

此时的你正身处黑暗，那么你就是自己的光。

3.与原生家庭划界

与家人保持适当的距离，而不是断绝来往，这种适当的距离是为了划清心理上的界限。很多人即使已经长大成人，还是会受到父母很深的影响，比如"只要父母觉得不对的事情，我就不做"或是"无论我多想做一件事，父母反对就放弃"这样的想法。你要分清哪些是父母的感受和期待，他们需要对此负责，而你并不需要。你知道并接纳他们的感受，但不能被束缚。你不需要勉强自己去做他们希望的事情，也不用按照他们的期望去生活，而是要按照自己的意愿去生活。和父母之间的爱不会因为边界感的存在而减少，反而可以让彼此更理解对方，懂得彼此欣赏，这份爱会让双方变得更加豁达而从容。

家庭成员之间的界限是家庭咨询的一个核心概念，合理的家庭界限可以让家庭成员之间互相包容和尊重，在自己的事情上可以独立决定，不受过分的干涉。在我接触过的个案里，有些成年人的家庭界限非常模糊，导致自己痛苦不堪。就像我的一位来访者,她和丈夫的关系不好,离婚之后交了一个男朋友,父母知道后非常反对,于是粗暴地干涉两人交往,想让他们分开。在传统的家庭观念里,孩子就算长大也还是父母的孩子,父母永远有资格管教孩子,但这种观念在今天需要转变。父母当然有提意见的权利,但是要更懂得尊重子女的生活,边界一定要清晰。

个案中的家庭是一个关于界限的典型案例。来访者在心理上没有和原生家庭分离,这里的分离指的是承认自己已经长大,父母和子女应该互相尊重,父母可以提意见,但不能控制子女。我们想要不再受到原生家庭的伤害就要停止谈及伤害,因为谈及伤害就意味着要谈那些"爱恨情仇",我们真正要做的是放下,让伤口逐渐愈合,不让曾经的伤害影响以后的人生。我们也需要让内心成长,和过去告别。人应该有两样东西:一盏永不熄灭的希望之灯,一扇长开的接纳之窗。我们只有接纳自己,才能真正成长。

和父母之间建立合理的安全界限,不被父母所左右,这是一个人成熟的真实表现。当然,这并不意味着我们从此以后就

完全无视父母的想法和需求，就像父母希望孩子吃排骨，孩子却喜欢吃鱼，这并不影响孩子仍然爱父母，两者之间并没有必然的因果关系。也有人问我："家人之间和和气气的多好呀，为什么要这么生分呢？"相信很多人都会这么想，但合理的家庭界限是家庭成员之间良好互动的前提，因为这样才不会互相干涉。

合理的界限不是让人和家庭彻底分开，而是要让亲密关系得到更好的发展。比如你有了自己的小家，那么两个人就有了新的身份，这个新身份是建立在亲密关系而不是亲子关系的基础上，当然需要你从原生家庭中分离出来。如果父母经常介入子女的亲密关系，很容易让子女的小家蒙上一层阴影，父母出于好心，用自己特有的方式去关心孩子，很容易突破小家的界限。对于父母这种过度的干涉，不可以一味地忍耐，因为这会让父母和子女双方都感到痛苦。表面上维持着家庭和睦，实际上积累了越来越多的负面情绪。

你要成为一个真正的大人，做自己生活的主人。

第七章
从看见自己到爱自己,是身为女性的底气

从身体上爱自己

美国心理学家亚伯拉罕·马斯洛提出的需求层次理论被广泛应用于经济学、社会学、心理学、哲学、管理学等各类学科,该理论从人类的动机出发,对近现代人文思潮产生了巨大影响。马斯洛的需求层次理论认为,动机是由需求决定的,人在每个阶段都会有一个占主要地位的动机或需求。最基本的是生理需求,人们对食物、水、空气、睡眠以及性的需求都属于生理需求,这是人类的本能需求,最重要,也最有力量。

生理需求属于基础要求,是生命活动得以存在和实施的前提。往上一层,是安全需求,居住环境、人身安全、健康保障、生命活动的自由,都属于这个层面的需求。除了这些,还

包括对于稳定和秩序的需求，指的是人类想要避免痛苦、威胁和恐惧等。如果这个层次的需求得不到保障，我们就会为此感到紧张和焦虑，没有安全感。

生理需求满足人类的基本需求，维持个体生存，安全需求保障我们免于恐惧和威胁，它们都属于缺失性需求，是人类必须拥有的。当这两个需求得到满足之后，再往上是归属和爱的需求。

每个人都希望自己是被爱的，也希望自己可以爱别人，与身边的亲人和朋友相处融洽、彼此珍惜，都属于这个层次的需求。人是群居动物，需要和群体产生关系，认可自己所在的群体，同时也被这个群体接纳，才会感到自己是有归属感的。从这个角度理解，亲情、友情、爱情，既是爱的需要，满足人类对于情感连接的渴望，也是归属和爱的需求，满足人类对于认同感的渴望。

归属和爱的需求，其核心内容就是建立情感联系，归属某个群体。人类通过这一层级的需求，找到人与人之间的爱，感受到生命与生命的连接，然后觉得生活是有意义的，人生是有价值的，自己也是重要的。如果归属和爱的需求得不到满足，就会觉得生命没有意义，人生没有价值，容易失去力量，找不到方向。

当这些需求都被满足，再往上就是尊重的需求。人们通过工作与生活中的互动，内在价值得到肯定，外在成就得到认可。成就、名声、社会地位，这些都是这一层级的需求。每个人都希望得到别人的尊重和认可，希望在社会中发现自身的价值。如果这个需求得不到满足，人就会变得很虚荣，虚荣的人总是在通过放大自身价值的方式来获得别人的尊重，但是在别人的眼里，就变成了死要面子。

处在最顶层的就是自我实现的需求，它是以之前的四个层级的需求为土壤的，不是每一个人都会有这种需求，只有当前面四个需求全部都满足了，你才会有自我实现的需求。这个层级的个体渴望最大限度地发挥自己的潜能，实现自己的理想和抱负。如果不满足的话，就会觉得空虚，人生也失去了意义。

生理需求与安全需求是缺失性需求，归属和爱、尊重、自我实现是成长性需求。也就是说，成长性需求会以缺失性需求

为基础，实现了基础需求，才会有更高层级的需求。根据马斯洛需求层次理论，我们可以尝试着从六个方面爱自己，全方位地爱自己。

首先就是从身体上爱自己，满足最基本的生理需求，其中当然也包括健康的饮食。身体是一切的基础，健康是1，其他都是1后面的0。有健康，其他才有意义。所以，讨论从身体上爱自己，就必须讨论什么是健康饮食。每个人的身高、体重不同，每天所需的能量也不同，身体需要摄入的卡路里自然也会不一样。一般来说，这个数值会在1000—1600之间，大概包括30克的坚果，一个拳头大小的茎块蔬菜，一大捧的绿叶菜，50—100克的鱼虾，50—75克的红肉，250—400克的水果和主食。饮食要注意均衡，以保证各类营养的全面和充足。

需要注意的是，不要暴饮暴食。如果你每天摄入超过身体所需的能量，就有可能导致肥胖，而肥胖是很多疾病的诱因。当然也不要长期节食，很多女性为了保持身材而节食，时间久了，很容易患厌食症，也会因为营养不良而免疫力下降，引发疾病。健康的饮食可以让人的身体更加轻盈，大脑更加活跃，

第七章 从看见自己到爱自己，是身为女性的底气

有很多好处，但是不要盲目跟风，对于网络上流传的很多减肥方法，我们需要更谨慎。在准备开始科学饮食之前，一定要先全面地了解一下自己的健康状况，然后再慢慢推进。

需要注意的第二点是作息规律，不要熬夜。熬夜的坏处太多了，除了有可能引发各种疾病，还会过度消耗身体的能量，这相当于自己把自己拖进了消耗模式里。还有，习惯熬夜的人，他的交感神经在晚上会变得很兴奋，导致白天的时候无法集中注意力。只有养成健康、规律的作息，才能保证身体的健康。

除了不要熬夜，也不要缺觉。人体的正常运转需要7—8个小时的睡眠时间。睡眠和饮食一样，都是人类最基本的生理需求，通过充足的睡眠，人可以恢复体力、积蓄能量，同时让大脑得到休息，让身体的正常免疫处于平衡的状态。如果人长期缺觉，身体里的激素分泌紊乱，很可能导致肥胖，因为瘦素和生长素要在睡眠足够的情况下才会正常分泌。如果瘦素和生长素缺乏，会让人对食物很渴望，还会易怒、冲动，容易感到疲惫。睡眠太少会影响人的健康，反过来也一样，这会导致人

的神经认知功能和记忆力的下降，增加患心脏病的风险。无论哪一种，都不是爱自己的表现。对自己好一点，均衡饮食、作息规律、睡眠充足，从最简单的地方开始，好好爱自己。

第三点是保持运动，运动可以促进内啡肽的分泌，减轻压力。我们可以把人体当成水池，一个经常运动的人可以促进血液循环，身体比不经常运动的人会好很多，和"流水不腐，户枢不蠹"有点像。除了有氧运动，最好还要做一些负重训练，锻炼肌肉，这样除了可以让身材更加匀称，也会让人显得年轻而富有活力。如果不运动、不锻炼肌肉，当你七十岁的时候，肌肉量可能只有三十岁的一半。很多经常健身的人，即使到了五六十岁看起来也显年轻，按照现在的一种说法是"你的年龄是看起来的年龄，不是你的实际年龄"，从某种程度上说是这样的，看起来年轻就是真的年轻。

哪些不是从身体上爱自己的行为呢？比如舍不得扔掉剩饭和剩菜，经常吃高热量的煎炸食物，等等。病从口入，不健康的食品会直接伤害身体。还有就是在当今这个信息爆炸的时代，各种未经核实的信息满天飞，很多人会受到影响，对于负面信息感到紧张和不安,从而影响自己的健康。我们要懂得在海量的信息中辨别真伪,如果不是正规渠道的信息,就不要轻易相信。在这个人人都是媒体的时代,如果轻易被信息左右,就等于自动放弃了保护自己的逻辑思维,让自己置身于信息"轰炸"的情况之下。你的生活里充斥着种种负能量,很容易把自己搞得疲惫不堪。

从行动上爱自己

只懂得道理是没有用的，落实在行动上才能产生切实的效果。明知道运动更健康，但就是赖在床上，这就是没有从行动上爱自己。对女性来说，没有不爱美的，我们要好好保养自己。比如定期护肤，看着镜子中容光焕发的自己，心情会更好一些，幸福也是始于爱上镜子中的自己。按摩也是很好的保养，如果不怎么锻炼，身体就如同一潭死水，要怎么让它活络起来呢？而经常锻炼的人更应该按摩，因为按摩可以有效缓解锻炼带来的酸痛，这也是为了让身体更健康。可以出汗的锻炼，效果会更明显。如果你不想特别累，那就散散步吧，每天坚持半小时，身体动起来，自然也会更健康。

除此之外，亲近大自然也是让自己更健康的方式。现在有越来越多的人开始打高尔夫球。高尔夫球场绿草如茵，含氧量很高，而且绿色从各方面都可以让人得到滋养，对眼睛也很好。无论是打高尔夫球还是其他接触大自然的运动，对人都很有好处。

从行动上爱自己还要允许自己休息，让自己暂时停下来。有些人特别善于学习，工作能力很强，却无法让自己停下来。过度消耗自己之后感到焦虑，进而影响身心健康。长期高强度面对工作的人，只有处于工作状态时才感到舒服，否则就会感到焦虑，觉得生活没有意义，时间都被浪费了。不过，你不是一台机器，不可能永远精力充沛，一定要懂得劳逸结合，这样才可以在工作的时候保持高效率。允许自己休息，放松下来，用具体的行动好好爱自己。

从行动上爱自己，还包括维护和身边人的关系。有的人对于如何爱自己产生了想法上的偏差，走到了另外的极端，独来独往，追求绝对的对立。可是，生活在这个世界上，每个人都是其中的一分子，不可能完全脱离关系，如果你可以经营好关

系，关系一定可以滋养你。反过来，如果你在和其他人的互动中产生负面情绪，这种情况应该怎么办呢？你可能需要学习一下关于沟通、表达和人际交往的艺术，维护好对你很重要的关系——亲情、友情和爱情。

亲情是你最大的心理支持，也是最值得信任的资源；友情是人和人在交往过程中建立的情感连接，可以在你遇到困难时帮助你，在你难过时安慰你，感到快乐时也会互相分享；爱情其实可以总结为四个字——人生伴侣。你过好了自己的生活，伴侣就是一种更好的加持；如果你过得不好，那就会感觉举步维艰。对于这些关系，既要有能力划清心理界限，也要有能力靠近对方，获得爱和滋养。

从生活上爱自己

从生活上爱自己就是要满足自己的安全感,尤其需要赚钱的能力。如果你是一位家庭主妇,为了家庭的幸福美满付出所有,甚至放弃了放弃自己的事业,我希望你重新拥有赚钱的能力,因为这个世界瞬息万变。我接触过太多这样的来访者,结婚之后全身心地投入家庭,以为找到了依靠,放弃自己的工作,一旦两人之间出现问题,女方发现自己很难回到职场,失去了独立生活的能力。

脱离社会太久,又没有赚钱的能力,你会感到自己被世界抛弃了。自己的精力都放在了照顾家庭上,等到重新踏入社会,感觉自己什么都做不了。所以,就算你现在生活得很好,

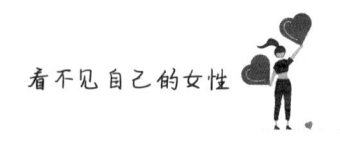

也要不断学习，感知社会的变化，让自己永远有抵御风险的能力。无论哪一天重回社会，你都能够独立生活，并且活得足够精彩，这是我们保持尊严的前提。

如果你目前既没有拿得出手的学历，又没有参与社会竞争的技能，那你就需要投资自己，比如掌握一门外语，或者按照自己的兴趣，学习成为一名营养师、插花师、美容师等，这些都可以给你带来生活上的保障。如果你觉得这些暂时都不需要，那就需要什么学什么，比如理财，比如教育孩子。永远用知识和技能武装自己，这是安全感的重要来源，不要因为年龄而放弃学习，我们不可以轻易放弃成长。

从心理上爱自己

从心理上爱自己，首先就要消除自己的心理障碍。如果你的障碍是强迫性重复，就不要让自己反复陷入童年的痛苦经历之中。建立爱自己的心态就是要学会自信和自爱，把自己当成最重要的人。不要因为别人而忽视自己，看不到自己的好。从现在开始，你要做自己最好的朋友，也要做自己的父母，为自己做主。这是自信和自爱的体现，而且要建立在爱自己的心理基础上。

健康的心理状态需要接纳自己，学会调节情绪，允许情绪流过身体。如果你之前有一些问题，比如抑郁、焦虑或是恐惧，它们时不时地就来"拜访"你，不要对抗，而是要尝试张

开双臂迎接。如果你在陷入自责和逃避时对自己说"我怎么又这样，永远都逃不开焦虑了"这样的话，我送你八个字——顺其自然，为所当为。这也是森田疗法的核心。

当负面情绪不请自来的时候，你当时在做什么，就继续做什么。你不把它当回事，它很快就会离开，越是当回事，它越是如影随形。所以，你要试着接纳负面情绪，不去对抗，而是让它从身体流过。比如患有广场焦虑症的人，他在人多的时候发作过，就认为是那个场景给他带来的刺激，其实这可以发生在任何环境和情境里。为了不再发作，从此开始逃避，这反而变成阻碍正常生活的一个症状。不要害怕，那只会强化它的力量。你可以选择不去理会，让生活一切照旧，就算恐惧再次发作也由它，不被它裹挟。

消除恐惧最好的方法就是直面恐惧。比如一个害怕动物的人，见到动物转身就跑，那他永远都会害怕动物。如果再遇到动物，慢慢地靠近，让自己长时间地和动物相处，就会逐渐克服这种恐惧。

看到这里，也许有人会问："如何才能让情绪从身体流过呢？"我想说，你观察过天上的白云吗？你看着白云在蓝天上飘，尽情地欣赏着，不急不躁，完全不会回避。当负面情绪出现，你也可以像观察云朵一样地观察自己，做自己的摄像机，如实记录情绪的产生、经过和消失。比如你感到愤怒，久久都没有消失，问一下自己究竟是什么让自己无法消除愤怒情绪。你要理解愤怒的根源，从而改变自己的思想。如果你愤怒的根源是自己得不到认可，这其实是低自尊的问题，感觉内在的小孩被别人羞辱，而这正是你要改变的非理性思维。

你有这样的观点，因为你是这样的人，别人不认可是别人的自由，因为他也有自己的观点。两个人的观点不同，不代表两个人的关系不好，对方不认可你的观点，更不代表他要羞辱你。就像桌上摆着两道菜，你爱吃鱼，他爱吃肉，无非是选择不同而已，两个人的看法不同也很正常。允许别人做别人，允许自己做自己，这是成年人人格健康的基本表现。

我们无法让别人认可自己，也无法改变别人的想法，别人也有自己的人生经历和认知模式，想法和观念不需要和我们保持一致，相同是巧合，不相同才是常态。世界上有两件很难做

到的事情，一件是把别人的钱装进自己的口袋，另一件是把自己的思想装进别人的脑袋。对待别人的不认可，你要学会保持平常心，接纳情绪，然后允许情绪从身体流过去。其实，我们都知道自己在某些时候为什么生气，多数是因为在某种情况下觉得自尊心受伤或是觉得别人没有按照自己的意思行事，还有一种就是之前说的低自尊，觉得自己被人看不起。所有的情绪都可以通过改变对事物的认知来进行调节，看法改变了，情绪也会随之而变。

　　从心理上爱自己，我们还要进行内心的大扫除，以处理自己的情绪。可以定期来做，也可以在产生负面情绪的当下就做。比如你决定一个月对自己进行一次内心大扫除，就是与一个月之前的自己对话，想一下自己在这段时间里经历了什么，或者遇到什么挫折，你会逐渐拥有理解自己观念和接纳情绪的能力。对自己说一声"谢谢"，虽然受伤，但仍然坚强；给自己道一次歉，也许自己做了很傻的事情；表达一下爱意，其实自己有些地方做得也很不错；道一次别，让这件事情就此过去。可以把这些话写下来，让自己可以更好地接纳无法改变的事情，给还要继续上路的自己留出一个心理空间，这是内心大扫除的意义所在。

当你要做内心大扫除，最好选在冥想的时候，无论是大自然的音乐也好，冥想的音乐也好，让自己安静下来，看一下内在流动的情绪到底是什么，悲伤、失望、恐惧、沮丧还是焦虑，或者其他的情绪。你给情绪命名，然后问一问自己，此刻出现的情绪是想告诉你什么或是想提醒你什么，还是自己有什么未被满足的需求，写出这个情绪背后的重要意义。

从思想上爱自己

从思想上爱自己是很重要的内容，你有什么思想，就意味着你是什么人；你有什么样的观念，就会做出什么样的行为。不同的人对同一件事也会产生不同的看法，产生不同的情绪。

我在香港工作的时候，每天中午都会和同事去一家茶餐厅吃饭，这家茶餐厅的人气很旺，服务员忙得不可开交。有一次，我和另外两个同事去这里吃饭，点完餐之后，我们大概等了半个多小时才拿来，而且其他两位同事的饮料都配错了。其中一个男同事当即就发火了，跑去对老板吼道："我明明是要冻柠茶的，为什么给我一杯咖啡？等了半天还弄错，下次不来了！"老板当时就给他换了饮料，但他坐在那里仍然很生气，觉得负责配备饮料的人一天只做一件事都做不好，说了很多难听的话。那顿午饭，他吃得一点也不开心，我们怎么安慰都于事无补。另外一个女同事看到拿错的饮料说："其实那个阿姨一天接待的客人那么多，少说也要冲几百杯饮料，出错也可以理解，开开心心吃饭就好了。"

同样的事情，一个是愤怒，一个是理解，因为看法的不同，两个人的情绪也完全不同。在这个事情里，虽然餐厅的服务人员上错了饮料，但在男同事的反应里还是可以看出，他很容易生气，只看得到自己的利益受损，没有体谅别人的处境，然后在愤怒的情绪里吃完了午饭。而那个女同事在服务人员犯错的时候没有生气，反而可以开开心心地继续吃饭，没有影响自己的心情。所以说，你有什么样的想法，就是个什么样的人。你有积极的思想，就是一个积极生活的人；你有太多负面的想法，就会成为一个负能量满身的人。

人可以像选择食物一样选择自己的思想。我在这里给大家讲两个概念。第一个是由美国心理学家阿尔伯特·艾利斯提出的"非理性信念"，认为当人有以下十一种想法出现的时候，

就会引发情绪的失调和想法的偏激。这些想法通常非黑即白，缺乏理性。只要你产生这些想法，就容易出现情绪问题。偏激的想法让人痛苦，也会带来各种负面情绪。接下来，我用自己的话介绍一下这十一种想法：

第一，人必须让周围的人喜欢。很多人都有这种想法，并且根深蒂固，但是当你产生这个想法的时候，就已经种下了不开心的根，因为你不可能让每个人都喜欢。无论你有多优秀，永远会有人不喜欢你。

第二，人在各方面都应该有十足的能力，并且表现完美。苛求完美容易让人向内攻击自己，产生内疚、后悔、自责等负面情绪。

第三，人绝对不能犯错，如果犯错，就应该得到严厉的惩罚。要求世界绝对公平，否则就会义愤填膺。

第四，所有的事情都要称心如意，一旦事情不如意，就如坐针毡。

第五，人的不快乐是外在因素引起的，人没有能力去控制自己的悲伤与情绪困扰。

第六，对于可能发生的灾难，应该给予密切的关注。你永远要担心未来，因为它有可能变成灾难。

第七，逃避困难和责任比面对它更容易，遇到问题就选择逃避。这种有逃避思想的人应该找一个比自己更加强大的人来依赖，其实这就意味着我们不愿意对自己负责。

第八，每个人都必须依赖别人，特别是比自己强的人，这样才有可能活得更好。

第九，过去的经验是现在行为的决定因素，过去的影响是无法消除的。我在做这个决定之前，会受到过去经历的影响，并且坚信这些影响将持续存在，无法消失。

第十，人应该为别人的困扰感到紧张和烦恼。这是指对别人的事情没有边界感，为别人的事情消耗自己。

第十一，对于任何问题，都应该有正确且完美的解决方案；如果没有，就是非常糟糕的。有这样的想法，你会为了完美的方案为难自己。

艾利斯认为，只要你出现类似想法的时候，就会陷入一些难过的情绪。所以，你要学会自我觉察：原来这样的思想出现

时，难过是正常的。之后要怎么办呢？觉察之后，就是克制自己，看看哪些想法是可以改变的，哪些想法仅仅是一个与事实有差异的想法而已。

从思想上爱自己的另一点是避免陷入思维陷阱，心理学上认为，当人陷入这九种思维陷阱时就相当于自讨苦吃，会产生各种负面的情绪，自责、愤怒、低落等。

第一，过分自责。无论遇到什么问题，他们都倾向于把责任归咎于自己，甚至不会对问题加以分析，直接将责任揽在自己身上，然后自责。

第二，以偏概全。这个是普遍的思维陷阱。我们通常用一次偶然的经历，就会对事物做出全面的判断，武断地得出结论。

第三，感情用事。这主要是由情绪主导，比如心情不好就不做饭或者不上班了，根据当下的情绪来决定自己的行为。

其他还有非黑即白、妄下判断、过分负面、未卜先知、断章取义和妄自菲薄，这些都被认为是思维陷阱。当我们用这些方式思考问题时，其实是给自己制造麻烦和痛苦。一个人要从思想上爱自己，需要对非理性思维和思维陷阱有所觉察，提醒自己不要受到影响，从源头上控制负能量的产生。

请记住，世界是你的镜子，与你同笑同哭。你是什么样的人，世界就是什么样的世界。

从精神上爱自己

停止内耗是从精神上爱自己的第一个内容。很多人每天明明没做什么事情，却会觉得特别累，经常感到疲惫和困倦，一躺在沙发上就不愿意动了。这种疲倦的感受也许和实际情况不相符，有的人即便休息了很久，还是会感到心累，这其实就是内耗。生活中的每件事都在消耗人的精神，内在有很多不同的价值观在不停发生冲突，让人经常处于过度消耗的状态。

我的一位来访者，她给家里请了一个保姆，这位阿姨平时有些唠叨，影响了这位来访者的生活，她有时会说些话来阻止，事后又觉得自己有些不近人情，对自己进行一番自我审判。这就是内在的价值观分歧，按照一种价值观做事，然后又因为另一种价值观否定自己。

价值观和情绪的冲突,结果就是让自己感到心累。如果生活中的每件事都要处理两遍,先处理事情,再处理情绪,这当然会累。人在处于内耗状态时,心理资源会被大量消耗,有可能让人感到自我怀疑、自卑、萎靡不振等,严重的话,身体也会出现问题,如高血压、偏头痛等。

以男女恋爱来说,有些人会过分在意一些交往的细节,无论对方说了什么话、做了什么动作、回复消息的内容是什么,都会进行大量的分析,其实这也是一种内耗。就像我接待的这位来访者,她有一次回复男朋友的信息隔了大概十二分钟,对方再回复的时候也差不多隔了这么长时间,她觉得男朋友是故意这样来表示和自己势均力敌。她也曾经问我:"我们认识的第一个月,他发了三条朋友圈状态,现在一条都不发了,是不是不爱我了?"她对男朋友做了很多过度的分析,无形中也把简单的事情变得复杂了,这必然会对两个人的关系产生负面影响。在日常生活中,我们都见过纠结的人,只不过有的人是面对住房、工作、结婚、离婚这样的事情会感到纠结,而我的这

位来访者纠结的都是一些小事，比如：男朋友给自己打电话，要不要马上回？还是隔一段时间再回？如果不回的话，是不是就会失去他呢？她不是真的想这么做，但还是不停地上演这些内心戏，无休止地纠结和内耗。

为什么有些人会精神内耗？又有哪些人更容易陷入内耗呢？第一种就是高敏感的人，他们很容易感知他人的情绪，也很容易受他人情绪的影响；第二种是讨好型的人，过度在意别人的评价，导致自己容易患得患失；第三种是对自己高标准、严要求的人，因为这样，他们会不停苛责自己，希望一切都做到完美，这也会很容易让人陷入内耗。那么，怎样可以停止精神内耗呢？

首先，客体分离，划清人际边界。每个人都有自己的人生功课，你只能在自己控制的部分下功夫。别人是喜欢还是讨厌你，你都无法控制，只能做好自己。比如，你是一个善良、热情的人，周围的人很喜欢你，但还是有人在背后说你的闲话，这就是别人的问题，并且你无法控制，你不需要为此怀疑自己。要记住客体分离，做好自己的事情，允许别人有不同的想法、态度和反应,你不需要为别人的问题买单。

其次,控制环境。我之前说过,要远离打击、批判、否定你的人和环境,远离内卷严重、恶性竞争的环境。比如在你现在的公司里,或多或少都会形成一些小团体,你要学会保持距离。有的人害怕别人认为自己太过冷漠或清高,让自己在公司里没有朋友,但是你要知道,没有完美的人,你当然也不例外。你不可能得到所有人的喜欢,也不用为此而拼尽全力,只要选择自己要走的方向就好,在这个过程中逐渐接纳和喜欢自己。

最后,拉近现实和理想之间的距离。你要学会认清、接受并喜欢现实,情况就是这样,和别人比较没有意义。承认自己的普通,要么接受,要么开始改变,把时间用在自己身上,做对自己有用和有利的事情,这也是停止内耗的重要部分。

韦珊说

1. 爱与需要

爱一个人会需要对方,需要一个人却未必是爱。真正的不含杂质的爱情是我不需要你,但我想要和你在一起。

2. 交往的最高境界

感情不在于热烈,而在于真心。没有真诚作为基础,任何形式的交往都属于浪费生命。对人虚伪有时候无异于谋杀,懂得拒绝虚伪的交往是一个人成熟的表现。

3. 女性需要什么样的伴侣

不要只关注男人是否优秀,如果男人对你无意,他的优秀和你并没有任何关系。

4. 越执着越受伤

我听过很多卑微的爱情故事，也接触过很多被爱伤害的人，她们都有着共同的特点：一个是善良，一个是执着。执着也许可以撬动地球，却撬不动爱情。面对一个不爱你的人，越执着，越受伤。

5. 为什么不快乐

追求错误的东西会让人不快乐。很多年轻人的问题是对光鲜亮丽的东西太过投入，对自身的平安喜乐却不在乎。

6. 你必须知道的一个真相

亲爱的，你究竟要心碎多少次才会明白：世界上大多数的东西是靠努力就能获得的，但爱情不可以。当你遇见对的人时，你的努力和付出才有回报；而当你遇见错的人时，努力只会变成徒劳。

7. 如何把握一个男人

抓住他的心，而不是抓住他的人。你可以吸引他，即使相隔千里，他的心也在你这里。你吸引不了他，即使共处一室，也只是同床异梦。

8. 爱自己还是爱别人

有些人在分手之后很久都走不出来，从此一蹶不振；而有些人则会迅速找回自信，让自己变得更好，因为爱自己而重获新生。爱自己还是别人，全由你来决定。

9. 谁应该对你的问题负责

如果你总是嫌弃伴侣，你不明白为什么他怎么做都不能让你满意，那么请看一下镜子，你会在镜子里找到答案。

10. 为什么劝你不需要和其他人争辩

吵架的作用只有一个，就是通过犀利的语言发泄心里的愤怒，而愤怒是因为被误解或是被贬低。如果你知道层次不同的人眼界也不同，你就理解了他的固执；格局不同的人思维方式也不同，你就明白了对方思想的局限性。不是所有人都值得你花时间争辩，更不是所有人都值得你动怒。和什么层次的人争辩，恰恰也可以说明你是什么人，沉默并不等于懦弱。

11. 什么是真正的成熟

在我们年轻的时候，任何事情都觉得自己没错，全是别人的错。经历过一些事后，我们开始明白，很多事情我们应该承担一半的责任。等到我们真正成熟之后才懂得,生命中的好事或坏事可能都是自己吸引来的,自己的原因占七成,外界因素占三成。

12. 遇到错的人

当你遇到错的人,不被欣赏并不意味着你没有价值,而是你的价值与对方的需求不匹配。在动物的眼里,钻石的价值不如食物的。重要的是,你要确信自己是一颗钻石,不必和骨头比较,转身离去便是。

13. 当你突然间不爱一个人

当你爱一个人的时候,感觉他全身散发着光芒,人群里独自灿烂。突然有一天,他在你的眼里黯淡了下来,你非常疑惑:为什么还是原来的那个他,而我却再也喜欢不起来了?后来你慢慢发现,原来他身上的光芒是你赋予的。当你感到饥饿时,米饭、馒头也觉得美味;可当你酒足饭饱时,山珍海味也没有吸引力。很多时候,对错、美丑都是自己内心的投射,其他人的价值,可能是我们赋予的。

14. 女人的心态决定命运

女人对待关系一定要调整好心态，让自己拥有自由选择的权利，而不是被动地等待。不合适的关系终会结束，不舒服的关系也只能让彼此越走越远。

15. 优秀女性应该具备的品质

英国女作家格林曾经说："女性应该具备这三种品质，像标枪一样直，像蛇一样柔软，像老虎一样高傲。"

像标枪一样直要求女人心里对身边的人和事有一把尺子，清楚地知道其他人和事对你的意义。有很高的道德标准和很强的界限感，任何人越过你的底线，你要尊重自己的感受，和对方划清界限。

像蛇一样柔软是指女人的力量来自柔软，而不是刚强。即使你的内心很刚强，外在表现也是柔软的。刚强的力量是坚毅和勇敢，柔软的力量则是善良、理解和包容。

像老虎一样的高傲是指女人的自我定位和处世态度，不被轻视，冷静、骄傲地面对一切。不轻易与别人翻脸，但是有承担任何结果的能力。这样的女人有力量、有态度、有实力，无论身处何地都是命运的掌控者。

16. 聪明的人没有那么容易被践踏尊严

当别人质疑我们的观点时,很容易会被我们理解为否定,认为对方在践踏自己的尊严,然后奋起反抗。这样做会让人变得狭隘,而那些聪明的人很清楚别人的评价仅仅代表他对人、对事的理解,可以说明他是什么样的人,却无法说明你是什么样的人。如果你可以分清外界对你的评价和自我评价之间的距离,你就不会感到受伤。

虽然我们清楚很多道理,但真正遇到不公平的时候,仍然做不到泰然自若,这是为什么呢?因为我们在小时候或多或少都有过被斥责的经历,遇到这种情况,我们的第一反应是觉得自己做错了,然后感到羞愧。现在,我们要开始训练自己的大脑,那些无法同频、格局不大的人说的话,你都可以不必当真。

17. 如何快速提升魅力

最直接的方法就是离开。离开那些一直贬低你的人,无论是谁。人是通过与其他人的互动来获取价值感的,当你被别人

批判、指责或贬低，就会觉得失去了自信和价值感，你要做的就是远离这样的人。如果那个人是你的亲人呢？事实上，即便是你生命中非常重要的关系，只要你在这段关系里持续地受到伤害，也应该选择放弃。如果人生是一出戏，那自己才是导演和编剧，其他人都是演员。你来决定这出戏的走向，以及自己的角色应该如何演绎。离开任何人，这出戏都将继续。

18. 如何对待前任

关于这个问题，我在网上看到过很多回答，类似"赚钱要比他多""找个比他优秀很多的人"等。这些回答看起来潇洒，实际上却充满了不甘心。想要气死别人的人，通常自己最生气；宣称让别人后悔的人，自己反而最后悔。对待前任最好的方式是在心里真正地放下对方，对方的任何事情都无法再影响到你。

19. 什么才是真爱

我认为"真爱"这两个字的重点应该是"真"，而不是"爱"。当你遇到一个令你心动的人，大脑分泌的荷尔蒙驱使你走向对方，爱就这样发生了。可是，不是所有的爱都能称为"真爱"。根据美国心理学家罗伯特·斯滕伯格的爱情三角理论，爱情是由激情、亲密和承诺组成的，亲密是其中的关键部分，它意味着两个人在朝夕相处中发展出熟悉、安心、舒服和信任的感觉，这些感觉没有时间的沉淀和岁月的磨炼是不可能产生的。我们看到一些结婚很久的夫妻，即便没有了当初的热情，但仍然相爱，那是一种共生的爱，也是无法分开的爱。那种认识时间不长，为了对方可以抛弃所有的爱，更多的是热情。没有长时间的相处，就没有真正的互相了解，如何为"真"，又如何为"真爱"呢？如果关系里缺少"亲密"这个元素，即使爱的感觉再强烈，也只是化学反应，而不是真爱。真爱和占有无关，与奉献有关；和欲望无关，与克制有关；和刺激无关，与温暖有关。

20. 真正内心强大的人是什么样的

很多人对于"内心强大"这个词有误解，以为一个人被伤过几次之后不轻易动感情，可以控制自己的情绪，不轻易认输就是强大，这样的理解是失之偏颇的。我认为的内心强大应该是拥有爱和安全感，心理营养可以自给自足，这才是内心强大

的人必备的条件。我们都接触过很多人，了解之后就知道，有些人的内心住着一个孩子，没有安全感，也无法给予自己心理营养。既然自己没有，就要从别人那里获取，这让自己变成一个四处寻找奶瓶的婴儿，依靠别人提供的营养才能活下去。

内心强大的人有很强的复原能力。谁的人生都不会是一片坦途，如果遇到困难就一蹶不振，说明你的内心还比较脆弱，没有真正成熟。如果你有很强的复原能力，在遇到困难的时候，可以根据情况做出改变，解决眼前的问题，无论遇到任何挫折都可以迎难而上，这是内心强大的表现。

内心强大的人可以在现有的条件下活出最优秀的自己。我们在人生的不同阶段都会受到一定限制，如果一个人在任何环境和条件下都可以做出最好的选择，这也是内心强大的一种表现。

21. 女人必须学会以柔克刚的本领

我的一位学员对我说：自从懂得如何爱自己之后，内心是独立了，和丈夫的关系却没有得到改善。的确有人对爱自己会产生一定的误解，认为爱自己就要遵从内心的声音，绝不妥协。关于这一点,我说过"相对独立"和"绝对独立"这两个概念,我们要尊重自己的本心去生活,但不代表要我行我素。越是强大的女人越懂得以柔克刚,和丈夫意见不合就"放大招",既伤害了感情,也动摇了幸福的根基。

以柔克刚要懂得灵活和变通,想要得到对方的支持,除了讲道理,还可以适当地撒娇和示弱。我们可以将以下两句话做一个对比:一句是"你不要一回家就捧着手机不撒手,我累死累活的,你也不帮忙,我怎么就嫁给你这样的男人了",另一句是"我今天有点不舒服,先去屋里躺一会儿,你可以帮我收拾一下屋子吗?等会儿我们出去吃顿好的"。前一句充满了抱怨、指责和愤怒,后一句则会让对方体谅你的辛苦,帮你做好所有的事情。懂得经营关系,一加一就大于二;反之就可能等于零,甚至是负数。亲爱的,请你记得自己的"软实力",它会带来意想不到的效果。

22. 怎样才算对自己好一点

一个人想什么,就会吸引什么,消极的人会经常遇到不好的事情,而积极的人则会把生活越过越好。这符合科学依据

吗？我在前文提到过"自我实现预言效应"，意思是无论一个人认为的事实是什么，他的行为都会配合思想，使事情按照他的预期发展。比如：一个女生没有安全感，她很害怕自己会被抛弃，你会发现她交往过的男朋友最后都抛弃了她，这是为什么呢？因为她相信所有人都一样，在交往的过程中会处处防范，使得这段关系没有信任可言。一段关系没有信任是无法建立情感连接的，时间久了，两个人总会分开，女生成功预言了自己被抛弃的结局。又比如：一个母亲相信自己的孩子将来会很有出息，那在养育的过程中，她就会不断给予孩子表扬和肯定。孩子因为母亲无条件的爱和支持，发挥出最大的潜力，长大之后果然成才，成功验证了母亲的预言。

吸引力法则是有科学依据的，你想什么就会看见什么，看见什么就会相信什么，相信什么就会实现什么。真正地对自己好，就是保持积极乐观的想法，剔除糟糕的负面想法。那么，具体要怎么做呢？

首先，学会给自己积极的心理暗示，比如每天早晚对自己说"我是幸运的""我很安全"或者"我是被爱的"。不要觉得这样的行为很傻。心理学家巴甫洛夫认为,暗示是人类最直接的条件反射。语言或环境的暗示能够使人很快地进入一种状态,而这种状态能带来认知、情感和行为方面的转变。任何时候,用积极的思想代替消极的思想能让你马上从一个状态到达另外一个更好的状态。

其次,不要给自己贴上失败的标签,类似"我总是做不好""我缺乏社交能力"等。所有人都一样,都有过成功和失败的体验,你要尝试将失败归咎于客观原因,将成功归功于自己。就像一个偏心自己的孩子的母亲那样偏爱自己,你将会变得越来越自信。

最后,把焦点放在"半杯水"上。还是那个熟悉的故事,悲观的人说"只剩半杯水",乐观的人说"还有半杯水"。对我们来说,我们要看到自己已经拥有的东西,并且从中体会幸福。反之,我们就不会珍惜眼前已有的幸福。

一个人对自己好的简单方法就是学会感恩。只有惜福的人才能看见幸福,看见幸福的人才能拥有幸福。关注自己的感受,把自己当成最重要的人,倾尽所有去爱自己是每一个女人

必须学习的人生功课。

23. 你有多爱自己，别人就有多爱你

我在咨询的过程中发现，那些陷入迷恋的人很多都不懂得爱自己，他们看不到自己。一个人把另一个人放到高不可攀的位置，崇拜和仰视对方，期待得到对方的爱和认可，原因就是完全忽视了自己。当一个人不认可自己，他就需要一个这样的"神"，这当然也是不爱自己的表现。一个懂得自爱的人是不太可能陷入迷恋的，他也会欣赏或是喜欢另一个人，但不会失去自己，始终会把自己放在一个正常的位置。不爱自己的人会把自己看得十分渺小，即使外表看起来高傲，实际上也是在掩饰自己的低自尊。

我在讲课时提到，自爱就是学会肯定和赞美自己，当时有一位同学问我："老师，我夸自己一百句都抵不上别人夸我一句，为什么会这样呢？"答案很简单，因为她过于看轻了自己。我们不会重视自己不重视的人的评价，同样的夸奖，从陌生人口中听到和从朋友口中听到是完全不同的感觉，因为重视的程度不一样。回到那位同学的问题，其实也一样，因为她不重视自己,又很看轻自己,只有一个重视的人认可自己,她才会感觉好一点。怎么才能改变这种情况呢?

答案是把自己当成最重要的人,如果你认为一件事情是对的,就算其他人都说是错的也无须改变;如果你认为一件事情对自己有好处,就算其他人反对也要坚持做下去。因为只有自己可以为自己负责,也只有自己才会全力守护自己。当你不再看轻自己,意味着你正在强大起来。当你自认为渺小,就会仰慕别人;当你足够强大,就会被人仰慕。当你学会爱自己,所有人都会来爱你;而你有多爱自己,别人就会多爱你。

24. 一个人最大的力量来自"稳"

一个有力量的人,情绪是平稳的,总是处于镇定自若的状态,这是如何做到的呢?

首先,要做到表面上的镇定自若。即使你正在被批评、指责,或是遭遇不公平的对待,急于辩解或是恼羞成怒都只会让你更加被动。过激的反应代表你一定程度上同意对方的观点,如果你认为对方是在胡说八道,那你根本不会有任何反应。想要做到表面上的镇定自若,自己要先按下暂停键,做几次深呼

吸来稳定情绪。人在遇到突发状况或感到有危险的时候，大脑的杏仁核会让你做出战斗或逃跑的反应，深呼吸就是给大脑一个缓冲，让自己可以理性面对当下的情况。在对方的情绪处于高点的时候，不要选择对抗，这不是软弱，而是成熟地处理冲突。然后就是等待，当双方的情绪都不再激动的时候，再来解决眼前的问题。

其次，做到内心真正的淡定。你要拥有由内而外的自信，相信自己的能力，也相信自己值得别人的尊重和公平对待。还有，你要在任何时候都做出对自己最有利的选择，情绪化对事情没有帮助，只会对你产生负面影响。情绪不稳定的人通常会觉得自己是一个受害者，拼命地反抗；而一个镇定自若的人其实是真正意义上成熟、自信的人，无论发生任何事情都能从容不迫，拥有"稳"的力量。

25. 如何提升格局

格局是看不见、摸不着的，但每个人都能感到它的存在。如果说一个人的格局小，就是指这个人目光短浅、见识不多，又斤斤计较，这些特点从深层次来看，其实包括安全感不足、低自尊和内在匮乏。

安全感不足的人很难拥有大格局。一个人怕吃亏，又爱计较，就是觉得自己拥有的东西不够多，有很强的匮乏感，认为不去计较就会吃亏。爱计较其实也是低自尊的一个表现，因为对自己的评价不高，所以要通过比较获得优越感，满足自己的自尊心。这样的人，生命形式不是开放式的，而是封闭式的。也许和过去的某些经历有关，得不到疗愈的话，就很难让自己的心胸开阔。

改变是一个复杂的过程，不是靠看几本书、上几节课就可以做到的。首先要梳理过去给自己带来的伤痛，光是这一点就让很多人停住了。其次就是要打破原来对事物的理解和认知，在这个基础上，逐步增强自信。最后，停止对外寻求价值感的提升，开始向内寻找力量来加持自己。提升格局不是一朝一夕的事情，而是需要长期坚持的自我修炼课程。

26. 一个关于爱的真相

我听过很多充满爱恨情仇的故事，在这些故事里，人们爱得死去活来，也爱得伤痕累累。在当事人自以为刻骨铭心的情

感故事里，掺杂了很多东西，唯独缺少了爱情。

如果爱情是一杯鸡尾酒，由浅入深可以分为四个层次，最上面的一层就是停留在身体的爱。两个人彼此吸引，在一起的愉快产生了巨大能量，让双方以为这就是爱情。这是很多人都能到达的层面，只是程度不同。

往下一层是停留在大脑的爱。你们在一起的时候很开心，不在一起的时候相互思念，只要想到对方，你的心里就像有只小鹿在乱撞，每天最快乐的事情就是见面。人在这时候通常会认为是真爱无疑，但很可能只是错觉，也就是"恋爱上瘾"，最大的特点就是两个人在一起的快乐和美好让你的眼里只能看到对方，这样的关系是停留在大脑的爱。不信的话，你现在想一下曾经喜欢的那个人，还能感到爱意吗？

再往下一层是停留在心里的爱。两个人朝夕相处超过三年发展出的信任和亲密，这样的关系可以进入心的层面。也许有人会疑惑：难道这样也不是真爱吗？其实，评价一段关系是不是真爱主要在于对方在与不在，你是否可以过得同样好。如果对方离开你，你就犹如行尸走肉，那么这份爱更多是出于需要，对方填补了你内在的某些匮乏，这是互相依靠和需要的关系，真爱不止于此。

第四层是真爱。真爱的出现必须是两个人格完善、自我整合度很高的人相结合，作为单独的个体都经过磨炼和升华，懂得爱自己，也懂得爱别人。自己是一个完整的圆，两个人结合可以组成更大的圆。两个人尽管各自美好，却仍然期待对方。经过关系里的磨合与调整，两个人已经变得更好，即使失去对方，也有能力过好自己的生活，只是没有任何人可以与你共享这种独一无二的爱。无可取代，才是真爱。

我认为真爱需要满足两个条件：一个是双方都是自我整合达到相对完满的人，只有一方是不行的；另一个是缘分让彼此在这个世界相爱并长久陪伴。这并不容易，也因为不容易，我们才会说真爱难寻。

希望你所求即所得，不要浪费自己生命。景色迷人，请记得好好生活。